基于性能的抗震设计
理论方法及应用

樊长林　著

中国水利水电出版社
www.waterpub.com.cn
·北京·

内 容 提 要

本书系统总结和阐述了基于性能的抗震设计的理论、方法、技术和工程应用的主要研究成果，主要内容包括基于性能的抗震设计思想和理论框架、SDOF 系统地震反应和反应谱、基于性能的抗震设计方法、建筑抗震性能评估方法以及耗能元件和自复位耗能结构的工程应用等。

本书可供从事土木工程、防灾减灾工程及防护工程、工程力学、结构振动控制的研究、设计、制造和施工工程技术人员参考，也可作为上述专业的高年级本科生和研究生的学习参考书。

图书在版编目（CIP）数据

基于性能的抗震设计理论方法及应用 / 樊长林著.
北京 ： 中国水利水电出版社，2024. 11. -- ISBN 978-7-
5226-2865-3
Ⅰ．TU352.1
中国国家版本馆CIP数据核字第202461YU84号

书　　名	**基于性能的抗震设计理论方法及应用** JIYU XINGNENG DE KANGZHEN SHEJI LILUN FANGFA JI YINGYONG
作　　者	樊长林　著
出版发行	中国水利水电出版社 （北京市海淀区玉渊潭南路 1 号 D 座　100038） 网址：www.waterpub.com.cn E-mail：sales@mwr.gov.cn 电话：（010）68545888（营销中心）
经　　售	北京科水图书销售有限公司 电话：（010）68545874、63202643 全国各地新华书店和相关出版物销售网点
排　　版	中国水利水电出版社微机排版中心
印　　刷	天津嘉恒印务有限公司
规　　格	184mm×260mm　16 开本　10.25 印张　249 千字
版　　次	2024 年 11 月第 1 版　2024 年 11 月第 1 次印刷
印　　数	001—800 册
定　　价	**98.00 元**

前　言

地震是威胁人类安全的主要灾害之一，人们在抵御地震灾害长期斗争中，逐步积累起许多减轻灾害的实践经验。随着科学技术的进步，人们对地震的成因及其破坏现象的认识不断深入，特别是 20 世纪不同时期出现了多种工程结构抗震设计理论和方法。在这些理论指导下的结构设计，有效避免或减轻了地震造成的灾害。20 世纪末，在广泛使用反应谱理论和弹塑性时程分析的基础上，国际抗震界提出了基于性能的抗震设计理论，其核心内容包括性能目标选择、地震风险水平的确定以及对结构的性能评估等。

基于性能的抗震设计理论的发展可以分为两代。第一代基于性能抗震设计理论，根据建筑用途、重要性及设防水准制定性能目标，进行结构设计，使结构在未来可能发生的地震中具有预期的性态和安全度，将地震灾害损失控制在预期范围内。但存在一些局限，诸如地震作用下的结构响应预测的准确程度存在不确定性；性能水平限值的可靠度有待考察；缺少对业主、投资人或房屋用户等利益相关者来说易于理解并据此做决策的性能指标等等。为了弥补以上局限，美国联邦紧急措施署（FEMA）与美国应用技术委员会（ATC）于 2001 年开展了对新一代基于性能的抗震设计方法的研究。新一代基于性能的抗震设计方法采用修复费用、人员伤亡情况和建筑使用功能的中断时间等性能指标取代了第一代基于性能抗震设计方法中的离散性能水平。这些性能指标对于业主、投资人或房屋用户来说更易理解且更有价值，可以更好地帮助他们进行决策。同时，新一代基于性能的抗震设计方法给出了对可能的修复费用、人员伤亡和使用功能中断时间的估算方法以及考虑结构响应分析准确程度和地震风险水平不确定性的性能评估框架。此性能评估框架不仅可用于地震灾害下基于性能的设计，还可应用于其他极端灾害，如火灾、洪灾或恐怖袭击。

本书系统总结和阐述了基于性能抗震设计理论、方法和技术及工程应用的主要研究成果。全书共分为 7 章。分别为：第 1 章绪论，介绍了基于性能抗震设计理论及其相关理论发展现状；第 2 章介绍了基于性能的抗震设计理论；第 3 章介绍了 SDOF 系统地震反应及反应谱；第 4 章介绍了基于性能的抗震设计方法；第 5 章介绍了减隔震结构基于性能的抗震设计；第 6 章介绍了自复位结构的设计及应用；第 7 章介绍了建筑抗震性能的评估方法。

本书在编写过程中，得到许多同行的鼓励、指导与支持，参阅了国内外许多学者的著作、论文和研究报告，一些同行提供了有关资料和工程照片，特在此一并表示感谢！

本书的部分研究工作得到了国家自然科学基金、山西省自然科学基金、山西省教育厅科技基金和山西工程科技职业大学人才引进基金资助，在此表示衷心感谢！

由于作者的水平和经验有限，书中不足和疏漏之处在所难免，恳请同行与读者批评指正。

樊长林

2024 年 3 月于太原

目　　录

第 *1* 章 绪论

1.1 现代抗震设计思想发展概述

地震是人类所面临的严重自然灾害之一。一次大地震造成瞬时之间的破坏，给人们造成了很大心理上的恐惧。它对人类社会的危害主要表现在两个方面：一是地震引起建筑物的破坏或倒塌导致严重的人身伤亡和财产损失，二是地震引起的水灾、火灾、海啸等次生灾害破坏人类社会赖以生存的自然环境，造成严重的经济损失，产生巨大的社会影响。

我国地处世界上两个最大地震集中发生地带——环太平洋地震带与欧亚地震带之间，受太平洋板块、印度板块和菲律宾海板块的挤压，地震断裂带发育成熟，在我国发生的地震又多又强，其绝大多数又是发生在大陆的浅源地震，震源深度大都在 20km 以内。因此，我国是世界上多地震的国家，也是蒙受地震灾害最为深重的国家之一，历次大地震使人民生命财产遭受巨大损失。

地震的灾难性打击促使人们投入了极大的精力对地震的起因及其对结构物的影响进行细致地学习和研究，寻求更加先进的抗震理论，到目前为止已有 100 多年的历史。随着科学的发展和人们认识的提高，特别是近二三十年以来，地震台网观测、人工模拟实验装置和电子计算机的广泛应用，使结构的抗震理论得到了迅速的发展。就抗震理论的发展历程来讲，大致分为三个阶段。

1.1.1 静力理论

静力理论最初起源于日本，1900 年大森房吉提出了地震力理论，认为地震对工程设施的破坏是由于地震产生的水平力作用在建筑物上的结果。1916 年佐野利器提出的"家屋耐震构造论"，引入了震度法的概念，从而创立了求解地震作用的水平静力抗震理论。该理论不考虑地震动力特性和结构动力特性（变形和阻尼），假定结构为一刚体，地震作用在结构的质心上，其大小相当于结构的质量乘以一个比例常数，即

$$F_i = kG_i \tag{1.1}$$

式中：k 为地震作用系数，是地面最大加速度与重力加速度的比值；G_i 为第 i 层楼层的重量；F_i 为第 i 层反映地震作用的等效静力荷载。

1.1.2 反应谱理论

随着强地震加速度观测记录的增多和对地震地面运动的进一步了解，以及结构动力反

应特性的研究发展，1932 年美国研制出第一台强地震记录仪，并于 1933 年 3 月长滩地震中取得了第一个强震记录，这为反应谱理论在抗震设计中的应用创造了基本条件。1943 年美国 M. A. Biot 提出反应谱理论，反应谱理论以弹性反应谱为基础，将反应谱同结构振型分解方法相结合，使十分复杂的多自由度系统地震反应的求解变得十分简单。20 世纪 50 年代，美国 G. W. Housner 精选若干有代表性的强震加速度记录进行处理，采用电子模拟计算机技术最早完成了一批反应谱曲线的计算，并将这些结果引入加州的抗震设计规范中应用，使得反应谱法的完整架构体系得以形成。虽然反应谱理论考虑了结构的动力特性，但由于在设计中仍把地震惯性力看作静力，因而只能称为准动力理论。

1.1.3　动力理论

随着 20 世纪 60 年代电子计算机技术和试验技术的发展，人们对各类结构在地震作用下的反应过程有了较多的了解，同时随着强震观测台站的不断增多，各种受损结构的地震反应记录也不断增多，这促进了结构抗震动力理论的形成。动力法把地震作为一个时间过程，将建筑物简化为多自由度系统，选择能反映地震特性、场地环境以及结构特点的地震加速度时程作为地震动输入，计算出每一时刻建筑物的地震反应，从而根据地震反应作用与其他荷载作用的组合来完成抗震设计工作。动力法比反应谱法相比具有更高的精确性，许多国家都将该方法列为规范采用的分析方法之一。但是，使用该方法时要求设计人员具有较高水平的专业知识，并且计算结果受地震波的影响较大，不存在唯一答案，有时难以做出判断。

与此同时，抗震设防的准则和设计方法选择亦随着经济的发展不断地被修正。在抗震设防的早期阶段，抗震设防是以单一设防水准来保证结构的安全，尽管安全性有一定的保障，但由于采用一个水准来衡量，不能反映地震的不确定性及结构安全性与经济性的关系。因此，自 20 世纪 70 年代以来，随着人们对地震不确定性的深入认识，以及对结构造价与结构安全性之间合理关系的深入思考，多级抗震设防的思想逐步得到地震工程界的认同，现在已为许多国家的规范所采用。我国抗震规范《建筑抗震设计规范》（2016 年版）（GB 50011—2010）就采用三个水准设防的抗震设计思想，即"小震不坏，中震可修，大震不倒"，并明确提出通过采用两个阶段的设计来实现上述三个水准的设防目标。其他国家的抗震规范也大都采用多水准的抗震设计思想。

1.2　抗震设计方法概述

随着抗震设计理论的发展，各国研究者对结构抗震设计方法进行了研究，目前主要有：反应谱法、时程分析法、静力弹塑性分析法，其中反应谱法是目前各国广泛采用的设计方法。

1.2.1　反应谱法

反应谱法包括底部剪力法与振型分解法。底部剪力法是计算规则结构水平地震作用的简化方法，按照弹性地震反应谱理论，结构底部总地震剪力与等效的单自由度（Single

Degree of Freedom，SDOF）系统水平地震作用相等，由此可确定结构总水平地震作用及其沿高度的分布。计算时，各层的重力荷载集中于楼盖处，在每个主轴方向可仅考虑一个自由度。该方法计算简单，但仅适用于高度不超过 40m、以剪切变形为主且质量和刚度沿高度分布比较均匀的结构，以及近似于 SDOF 系统的结构。

振型分解反应谱法是以承载力为基本控制量，将多自由度系统分解成若干个 SDOF 系统的组合，然后利用反应谱理论计算出各阶振型的地震作用，再按一定的规律将各振型的反应进行组合以获得结构总的动力反应。由于振型分解反应谱法采用叠加原理进行计算，因而仅限于结构在地震作用下处于线弹性阶段的弹性反应计算，结构的阻尼比特别大时不能保证较好的精度。这些就导致该方法存在以下缺点：①在地震作用下结构或构件进入塑性阶段后，叠加原理不能使用；②没有考虑延性对高阶振型的影响，低估了在结构进入塑性阶段高阶振型的影响；③地震是一个持续过程，反应谱法不能考虑地震过程中结构在弹塑性阶段产生的内力重分布，难以考虑结构在强震作用下弹塑性反应的真实表现，不能预估结构屈服后的变形能力及强震时的实际行为。

1.2.2 时程分析法

时程分析法是一种直接动力法，输入地震波后，可通过动力计算直接求得结构反应。与反应谱法相比，时程分析法将抗震计算理论由等效静力分析变为直接动力分析，既可用于计算弹性结构，也可以用于计算弹塑性结构。

弹塑性时程分析法被认为是最为准确的结构弹塑性抗震分析方法，在整个地震过程通过逐步数值积分来计算最终的结果，能够详细地描述结构由弹性进入塑性直到破坏倒塌的全部过程，充分反映地震频谱特性以及地震持时等因素对结构的影响，不需要借助任何与实际问题无关的系数来反映结构整体或者局部的动力响应。然而，由于人们对结构阻尼特性、在复合受力状态下结构构件恢复力特性等方面尚缺乏足够的认识，建立合理结构动力模型比较困难，通常带有某些假设。建筑结构复杂的动力特性、材料和几何非线性以及材料软化等往往带来数值计算的不稳定。随着结构层数增多，计算单元数量加大，运算更加耗时、更加困难。

1.2.3 静力弹塑性分析法

静力弹塑性分析法又称推覆分析法，基于以下两个假设：①结构地震反应一般由基本振型控制，多自由度系统可等效为一个 SDOF 系统；②结构沿高度的变形由形状向量 ϕ 来表示，在地震反应过程中，形状向量 ϕ 始终保持不变。静力弹塑性分析法是将沿结构高度为某种规定分布形式的侧向力，静态单调地作用在结构计算模型上，逐步增加直到结构产生的位移超过容许值或认为结构破坏接近倒塌为止；在结构产生位移的过程中，结构构件的内力和变形可以计算出来，观察其全过程的变化判别结构和构件的破坏状态，提供比一般线性抗震分析更为有用的设计信息，可以评估结构和构件的变形，设计结果比承载力设计更接近实际。基本流程分为两部分：第一部分是建立侧向荷载作用下的结构荷载-位移能力曲线；第二部分是抗震能力的评估。

静力弹塑性分析法 20 世纪 80 年代初由 Saiidi 和 Sozen 提出的，该方法不仅考虑了构件的弹塑性性能，而且计算简便分析结果稳定，成为基于性能抗震设计的重要思想，20世纪90年代初成为了各国研究的热点，日本、欧洲及我国都在规范中引入了该法。到目前为止，已经产生了若干种分析方法，共同点都是建立力-位移曲线，只是在评估结构抗震能力时采用了不同的方法。

1.3　震　害　的　反　思

根据上述的抗震设计思想和方法设计的建筑结构，在一定程度上确保了人们生命安全。但是，近年来，随着社会的发展，城市的数量和规模都不断扩大，城市变成了人口高度密集、财产高度集中的地区，一次地震可造成比以往更大的人员伤亡和经济损失。比如：1999年的土耳其科贾埃利7.4级地震导致约1.4万人直接死亡，相关死亡人数超过4万人，灾后重建工作至少需要30亿美元。同年9月的我国台湾集集7.6级地震造成了2000多人死亡，经济损失达100亿美元。2008年5月我国四川汶川8.0级地震，仅四川省就造成约7万人死亡，直接经济损失达8000多亿元。2010年的海地7.3级地震，死亡20多万人，经济损失超过10亿美元。同年4月我国青海玉树7.1级地震，死亡2万多人。

这些数字表明随着经济的发展和人口密度的增加，震害会越来越严重，迫使地震工程学者认识到过去的设计理论在抗震设计概念和适应社会需求等方面都存在一定问题，社会和公众对结构抗震性能存在多种需求。如何完善已有抗震设计的理念，使结构在未来地震中的抗震性能能够达到人们事先预计的目标，是21世纪摆在地震工程学者面前的重要课题，这也是以结构抗震性能评价为基础的结构设计理论得以应运而生的基础。

1.4　基于性能抗震设计理论的研究概况

基于性能抗震设计（Performance Based Seismic Design，PBSD）的确切定义，比较权威的描述是美国加州结构工程师协会（Structural Engineers Association of California，SEAOC）和联邦紧急措施署（Federal Emergency Management Agency，FEMA）等组织给出的，可概括为：以结构抗震性能分析为基础，针对每一种抗震作用水准，将结构的抗震性能划分成不同等级，设计者根据结构的用途、业主、使用者及邻居的特殊要求，采用合理的抗震性能目标和适当的结构抗震措施进行设计，使结构在各种水准地震作用下的破坏损失能为业主选择和承受，通过对工程项目进行生命周期的费效分析后达到一种安全可靠和经济合理的优化平衡。

PBSD是在基于结构位移的设计理论基础上发展而来的，20世纪90年代初期，美国学者Moehle提出了基于位移的抗震设计理论，主张改进基于承载力的设计方法，这一全新概念的结构抗震设计方法最早应用于桥梁设计，基于位移的抗震设计理论要求进行结构分析，使结构的变形能力满足在预定的地震作用下的变形要求，即控制结构在大震作用下的层间位移角限值。此后，这一理论的构思影响了美国、日本及欧洲各国土木工程界。这种用量化的位移设计指标来控制建筑物的抗震性能的方法，比以往抗震设计方法中强调力的概念前进了一步。

自基于结构性能的抗震设计理论提出以来，建立以结构性能评价为理论基础的结构设计体系一直是美国、日本和新西兰等国家的研究课题。基于性能的抗震设计的理论的发展可以分为两代。

1.4.1 第一代基于性能设计理论

美国由联邦紧急措施署（FEMA）和国家自然科学基金会（National Natural Science Foundation，NNSF）联合资助开展了一项为期 6 年的行动计划，对未来的抗震设计规范进行了多方面的基础性研究，这些研究包括：对建筑物确定一组合理的性能水准和功能阶段，确定地震危险性水平和相应的设计水准；根据建筑物的重要性和用途确定性能目标；建立基于变形的可靠性设计格式；结构计算分析方法；建筑结构的地震风险水平和抗震可靠性评估等。1995 年，美国加州结构工程师协会完成了加州紧急事务管理厅委托的 Visio2000 制订工作；同年，美国应用技术理事会出版了《ATC34 报告》，在该报告中对美国现行抗震设计方法进行了全面回顾；1996 年出版了 ATC40 报告，并正式将基于性能的抗震设计思想纳入其中；美国联邦紧急措施署 FEMA 于 1996 年出版了《FEMA273 报告》和《FEMA274 报告》，提出了用于以抗震性能为基础的钢筋混凝土（Reinforcement Concrete，RC）结构抗震设计的方法。2003 年美国国际法规委员会（International Code Council，ICC）发布了《建筑物及设施的性能规范》，该规范对 PBSD 方法的重要准则作了明确的规定。

1995 年日本关西地区发生阪神大地震后，也启动了"基于性能的建筑结构设计新框架"的研究项目，进行基于性能的结构设计方法研发。1996 年，日本宣布《建筑基准法》按基于性能要求修订，以达到国际一体化要求。1998 年，日本对新的《建筑基准法》进行了大幅度修订，采用了高阻尼弹性需求谱，正式纳入了能力谱方法。2000 年日本新的《建筑基准法》实施，日本建设省建筑研究院建议了一个抗震结构要求的框架，将性能水准取为三个，即安全极限状态、破坏控制状态和使用极限状态，将抗震设防水准取为最高设防水准。同年，对《FEMA356 报告》进行修订并综合了《FEMA273 报告》和《FEMA274 报告》，更新了能力谱方法。

2003 年，欧洲混凝土委员会出版了《钢筋混凝土建筑结构基于位移的抗震设计报告》，欧洲混凝土规范 EC8 也将能力谱方法纳入其中。澳大利亚则在基于性能设计的整体框架以及建筑防火性能设计等方面做了许多研究，并提出了相应的建筑规范。

1996 年在中美抗震规范学术讨论会上曾就基于性能抗震设计理论进行交流，并针对框架和剪力墙结构的变形容许值进行了探讨，还把基于结构性能设计理论引入到结构优化设计领域，提出了基于性能的抗震优化设计概念。有学者建议中国 21 世纪的抗震设计应顺应国际发展的趋势，发展适合本国国情的基于性能设计的结构抗震设计理论。

1.4.2 新一代基于性能设计理论

第一代基于性能抗震设计理论根据建筑用途、重要性及设防水准制定性能目标，进行结构设计，使结构在未来可能发生的地震中具有预期的性态和安全度，将地震灾害损失控制在预期范围内。但存在一些局限，诸如地震作用下的结构响应预测的准确程度存在不确定性；性能水平限值的可靠度有待考察；缺少对业主、投资人或房屋用户等利益相关者来说易于理解并据此做决策的性能指标等等。

2012 年，美国联邦紧急措施署给出了新一代建筑抗震性能评价方法 FEMAP-58，奠定了新一代基于性能的抗震设计理论基础，采用的性能指标对于业主、投资人或房屋用户来说更易理解且更有价值，可以更好地帮助他们进行决策。同时，新一代基于性能的抗震设计方法给出了对可能的修复费用、人员伤亡和使用功能中断时间的估算方法以及考虑结构响应分析准确程度和地震风险水平不确定性的性能评估框架。此性能评估框架不仅可用于地震灾害下基于性能的设计，还可应用于其他极端灾害，如火灾、洪灾或恐怖袭击。

基于 ACT-58/ACT-58-1 计划第一阶段的研究成果，FEMAP-58 提出了建筑性能评估方法。该性能评估方法将性能目标与建筑可能遭受的损伤及其可能造成的人员伤亡、建筑使用功能丧失、修复或重建费用等后果联系起来，采用上述的性能指标更易于决策者理解。同时，该评估方法合理地考虑了结构响应分析准确程度和地震风险水平的不确定性。因此，最终得到的性能评估结果是人员伤亡、修复费用和修复时间等性能指标的概率分布。

1.5　PBSD 相关理论的研究进展

PBSD 相关理论与结构控制，结构分析，经济、投资-效益，可靠度，结构设计优化等诸多理论相关，本节只介绍与 PBSD 方法相关部分的研究进展。

1.5.1　结构控制理论

随着社会的发展，诸如计算机、通信、电力及医疗等某些高、精、尖技术设备进入建筑领域，如何保证地震发生时这些技术设备能正常运行而不致因建筑结构反应使其破坏，引发或者加重次生灾害；随着建筑高度增加，如何保证结构因地震或者风荷载作用引起的震（振）动摇晃不超过居住者所能承受的心理压力；在强烈地震下如何最大限度地保证结构的安全，不致使人民生命财产受重大损失。一个较为合理的办法就是采用结构地震反应控制技术，使设计出的建筑同时满足上述的技能性、居住性和结构安全性的要求。

传统的结构设计概念都是通过调整结构构件本身的刚度来抵御灾害作用的。在 PBSD 中，为了满足结构的性能目标在结构上设置控制机构，由控制机构和结构共同抵御地震及风载的作用。结构控制分为主动控制（需要外部能源）、半主动控制（需要少量的外部能源）、被动控制（不需要外部能源）和混合控制（主动控制与被动控制的结合）。20 多年来，结构控制在理论研究和模型试验等方面都取得了很大的进展，而且日本、美国、加拿大、意大利、新西兰和中国等都修建了一些应用结构控制技术的建筑和桥梁（主要是采用基础隔震和阻尼器耗能减震等被动控制措施）。

王崇昌、王宗哲对 RC 弹塑性抗震结构的机构控制进行了研究，提出了机构控制理论的概念、原则和方法，并提出了人工塑性铰的概念。程文瀼、陆勤提出了抗震结构自控的概念与方法。傅传国、蒋永生等对梁端开缝人工塑性铰进行了进一步研究，对塑性设置的位置及长度等进行研究分析，提出了相应的设计建议。周福霖等提出了在结构某些部位施加减振装置，来控制结构地震时主要运动模态。张善元等在结构抗震加固是在既有结构和新结构之间设置摩擦阻尼减震装置耗散地震能量，协调和减轻结构的地震反应。

1.5.2　地震反应谱

在 PBSD 方法中需运用反应谱，因而随着 PBSD 理论的提出，反应谱受到了更多地关注。20 世纪 40 年代，Biot 和 Housner 开创了用弹性反应谱表征地震动频谱特性的先河，他们将地震动特性的描述与结构的响应联系在一起，成功地解释了某些在当时还不能解释的一些震害现象。弹性反应谱的概念也因之很快被业界广泛接受。20 世纪 60—70 年代，Newmark 等率先开展了弹塑性反应谱的研究工作，其核心问题是建立相同周期和阻尼系数的弹塑性与弹性 SDOF 系统在地震作用下强度和位移关系，其中强度通常用强度折减系数表示，位移则用强度折减系数与位移延性系数的解析式表述。Newmark 等提出了强度折减系数与位移延性系数及结构周期关系的著名等能量准则和等位移准则。此后，国内外学者对此进行了深入研究，并进一步丰富了弹塑性反应谱的内容。从总体上看，弹塑性反应谱的研究工作主要围绕着强度折减系数而展开，很多学者通过大量地震动的统计分析以表格或回归公式形式，给出了供设计用的强度折减系数与结构周期、位移延性系数等的关系，还以其他方式建立或定义弹塑性反应谱，如：直接通过统计分析建立弹塑性与线弹性单质点系统在地震作用下最大位移反应的关系。近年来，随强震记录数量的增多，Tiwari 和 Gupta；Bozorgnia 和 Bertero 还提出和研究了可以考虑结构地震损伤的弹塑性谱模型，并与地震动衰减关系模型结合，以更好反映震级、震源距、场地等因素的影响。陈聃和王前信，Miranda 和 Bertero、肖明葵、Haika 等对不同阶段弹塑性反应谱的研究工作进行了详细总结与评价。

1.5.3　自复位结构体系

随着经济水平的快速提高和城市功能的日趋复杂，结构强震后能否保持功能愈加受到社会各界的高度重视。同时，实现抗震韧性城市的目标进一步强调了单体结构和整个城市保持震后功能的重要性。由于传统抗震理念侧重于提高结构的延性和消能能力，设防的目标以防止整体倒塌为核心。延性和消能俱佳的结构固然具有良好的抗震性能和较高的抗倒塌裕度，但是在结构的主要受力构件（如梁、柱和节点等）或增设的减隔震元件（如支撑、阻尼器和支座等）产生不可恢复的塑性变形，导致结构整体会积累残余变形，增加了结构震后修缮工作技术难度和经济负担。

鉴于此，自复位结构吸引了国内外诸多学者的密切关注和广泛研究。在强震作用下，自复位结构借助自重、预应力构件或高性能材料等获取恢复变形能力，借助预设的阻尼元件消耗地震能量，结构整体行为展示出"旗帜形"的滞回行为，震后的残余变形较小甚至为 0。围绕着自复位结构的研发与设计，学者们在过去数十年中积累了丰富的科研成果，并指导了多个实际工程的开展。按照实现手段的不同，自复位结构可以分为以下几类：①基于预应力技术；②基于形状记忆合金；③基于结构重力；④三者结合使用。

基于预应力自复位结构主要包括耗能系统和预应力复位系统，常用的预应力材料包括高强钢绞线、碳纤维筋、芳纶纤维筋和碟簧等，主要通过自复位节点、自复位支撑及自复位剪力墙等实现结构自复位好地震能量耗散。

形状记忆金属自身的滞回曲线为"旗帜形"，与自复位结构需求高度吻合从而引起高度关注，与预应力自复位结构基本相同，与耗能元件共同作用，实现结构的自复位和地震能量耗散。

基于结构重力复位体系又称摇摆结构体系，主要利用重力来复位，地震时在水平倾覆力矩的作用下，允许上部结构在与基础交界面处发生一定的抬升。地震时上部结构的反复抬升和回位致使上部结构摇摆，一方面降低了地震作用下上部结构本身延性的要求，另一方面降低了基础在倾覆力矩作用下的抗拉要求。进入 20 世纪 90 年代，欧洲、美国、日本等地学者也开展了放松构件间约束的结构设计，如后张预应力预制框架结构，通过放松梁柱节点约束允许框架梁的转动使结构发生摇摆，而通过预应力使结构自复位。常用的结构形式包括自复位摇摆框架结构、摇摆自复位剪力墙结构、摇摆自复位框架-核心筒结构等。

随着建筑结构抗震技术的发展，逐步在自复位结构中采用多种技术，如后张预应力、消能部件等单项技术的联合应用等，以控制整体结构在强震作用下的性能。因而，自复位结构的未来发展趋势将更强调整体结构抗震的概念设计，实现建筑的可恢复功能。其核心技术经过开发高性能结构材料、高性能结构构件、高性能结构体系等进行"抗震"、采用隔震层"隔震"、引入消能元件"消震"等几个阶段后，逐步进入"抗震""消震""隔震"联合应用的发展阶段。联合使用后张预应力和消能减震技术来控制变形与破坏，值得工程抗震研究人员和技术人员学习与研究。

第2章　基于性能的抗震设计理论

基于性能的抗震设计实质上是对"多级抗震设防"思想的进一步细化，目的是在抗震设计中，不同地震设防水准下，能够有效地控制结构的破坏状态，使建筑物实现不同性能水平。从而使结构在使用年限内遭受可能发生地震总体费用达到最小。

基于性能抗震设计主要包括三个步骤：①根据结构的用途、业主和使用者的特殊要求，采用投资-效益准则，明确建筑结构的目标性能（可以是高出规范要求的"个性"化目标性能）；②根据以上目标性能，采用适当的结构体系、建筑材料和设计力法等（不仅限于规范规定的方法）进行结构设计；③对设计出的建筑结构进行性能评估，如果满足性能要求，则明确给出设计结构的实际性能水平，从而使业主和使用者了解，

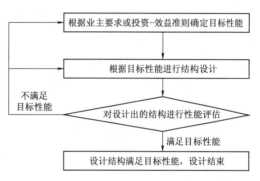

图 2.1　基于性能抗震设计流程

否则返回第一步和业主共同调整目标性能，或直接返回第二步重新设计。图 2.1 给出了第一代基于性能抗震设计的流程图。

2.1　结构抗震性能水准及目标

2.1.1　地震设防水准

基于性能抗震设计理论实质是控制结构在未来可能发生地震作用下的抗震功能。地震设防水准是指未来可能施加于结构的地震作用大小，其直接关系到结构抗震性能的水准，因此地震设防水准的选择在基于结构性能设计的理论中占有重要地位。

国内外的规范中，一般都是采用重现期或者发生的概率来划分地震设防水准，对于新建建筑，在 PBSD 中一般采用表 2.1 的地震设防水准。

表 2.1　　地 震 设 防 水 准

地震设防水准	常遇地震	偶遇地震	罕遇地震	极罕遇地震
重现期/年	43	72	475	970
超越概率	30 年内 50%	50 年内 50%	50 年内 10%	100 年内 10%

2.1.2　抗震性能水准

基于性能抗震设计中的一个主要问题是结构性能水准的确定以及地震灾害的定义。结构性能水准是指建筑物在某一特定地震设防水准下预期破坏的最大程度，用结构和非结构构件的破坏程度或对使用者的影响来表达。我国《建筑抗震设计规范》（2016 年版）（GB 50011—2010）的三个性能水准：不坏、可修、不倒，主要是针对结构的破坏程度。基于性能抗震设计是将结构构件、非结构构件、内部设施、装修等多种因素考虑进去，由此划分抗震性能水准更具体细致，使人们的选择范围更灵活。结构性能设计的目的不仅是为了保证生命的安全，同时也要控制结构的破坏程度，使财产损失控制在可接受的范围内。这就要求在实际设计中，针对不同地震设防水准，结构具有明确的性能水准。目前对于结构性能水准的确定以美国联邦紧急措施署（FEMA）中的定义具有代表性，见表 2.2。

表 2.2　FEMA 定义的结构性能水准

性能水准	功能状况	要　　求
水准一	正常使用（运行）	结构和非结构构件不损坏或者损坏很小
水准二	可以暂时使用	结构和非结构构件需少量的修复工作
水准三	生命安全	结构保证稳定，具有足够的竖向承载力储备，非结构构件的破坏控制在保障生命安全范围
水准四	防止倒塌	建筑保持不倒，其余破坏都在可接受范围

2.1.3　设防性能目标

设防性能目标是指结构相对于每一个设防地震设防水准下所期望达到的抗震性能水准。在基于性能的结构抗震设计中，确定合理的设防性能目标是结构设计的前提与基础。它应综合考虑多种因素（如建筑物性能的重要性、建筑物破坏所导致的直接经济损失、间接经济损失及人员伤亡、建筑物作为历史或文化名胜的潜在重要性等），采用基于可靠度的优化理论进行决策。按照上述地震设防水准与抗震性能水准，美国学者建议把具有不同使用要求的建筑物设防目标分为三类，即基本设防目标，重要设防目标、特别设防目标，并提供了三类结构设防性能目标作为它们的最低性能界限，如图 2.2 所示。

基本设防目标是一般建筑设防的最低标准；重要设防目标是医院、公安消防、学校、通信等重要建筑设防的最低标准；特殊设防目标是如含核材料等特别危险物资的特别重要建筑的最低设防标准。一般情况下，抗震规范提出的抗震设防目标是最低标准，结构抗震性能目标可以根据业主的要求采用比规范的设防目标更高的

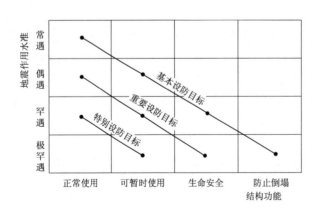

图 2.2　地震设防性能目标

设防标准。我国抗震规范的目标性能实际是：小震不坏、中震可修、大震不倒。

2.2 结构性能等级与安全指数

通常根据结构的破坏程度可以将结构破坏状态划分为基本完好、轻微破坏、中等破坏、严重破坏、倒塌5个阶段，许多研究者都对这5个阶段从不同的方面进行了定义。结构破坏程度的划分标准与综合描述见表2.3。这5个阶段能够比较全面地反映结构在地震作用下的综合性能状况。

表 2.3 结构破坏状态综合描述

破坏程度	功能状况	破坏状态与最低限描述
基本完好	功能完好	结构无破坏，功能完好或基本无破坏，所有设施与服务系统的使用不受影响，人员安全，居住安全
轻微破坏	功能连续	功能基本不受扰或轻度受扰，结构破坏轻微，非重要的设施稍作修理可继续使用。影响居住安全的结构破坏较轻，功能基本连续，非重要功能受到一定影响
中等破坏	控制破坏与经济损失	功能受扰，非结构与内部设施有中等破坏，结构破坏但不会威胁到生命安全，无影响安全的重大破坏发生，人员较易疏散。震后短期内不宜居住，尽管破坏可以修复，但经济上的损失比较严重
严重破坏	保证安全	功能严重受扰，结构与非结构部分破坏严重，但结构的竖向承重系统不致倒塌。可能会危及到生命的安全，不宜居住，修复在技术上和经济上都不可行
倒塌	功能丧失	功能完全丧失，主体结构系统倒塌。多有严重伤亡事故，不可修复

根据表2.3对结构破坏程度的描述和结构的功能状态的划分，将结构在地震过程中的性能极限状态划分为：功能连续极限状态、破坏控制极限状态、损失控制极限状态和防倒塌极限状态。

2.2.1 功能连续极限状态

功能连续极限状态大致对应于表2.3中结构轻微破坏程度。功能连续极限状态要求地震后不产生影响结构正常使用的变形，主要结构构件不需任何修理、非结构构件不修理或稍作修理可以正常使用。这一极限状态的设计限值由结构功能和居住要求确定，通常由变形大小来估计，同时应保证机械设备、内部物品和家具的使用功能。这一极限状态的验算可由最大变形和残余变形来检验。另外也有研究认为，在此状态，结构的反应一般都很小，也可由结构的抗力来验算，例如钢筋混凝土结构构件不应达到屈服，结构构件和梁柱节点在常遇地震作用下也不应产生剪切裂缝。

2.2.2 破坏控制极限状态

破坏控制极限状态对应于表2.3中的结构中等破坏阶段，即破坏控制极限状态要求结构不能出现超出中等程度的破坏。这一极限状态的特点是地震后结构需要进行不同程度的修理才可以正常使用，但修理要易于进行而且修复费用不能太高。在破坏控制极限状态，结构的破坏表现为结构构件破坏、非结构构件及其连接破坏、机械设备和家具破坏以及基础的不均匀沉降等。结构整体和结构构件的破坏可由其承载力或变形能力及相应的要求来评价，家具和机械设备的破坏可由结构和结构构件的反应来验算。这一极限状态的设计限值可由结构工程师在业主选择可接受抗震设防要求后来确定。业主在选择可接受的抗震设防要求时，可以考虑下列因素：①初始造价；②建筑物的重要性、功能和估计使用年限；③结构及其构件的破坏水准；④修复的技术难度和建筑功能恢复的社会影响及其有关费用；⑤修复花费的时间及这一期间的相关经济损失；⑥验算中考虑的荷载和作用（出现的频率）水准。可以看出，对不同的建筑物需要采用不同的限值，不可能对所有的建筑物采用相同的限值。

2.2.3　损失控制极限状态

损失控制极限状态对应于表 2.3 中的结构严重破坏阶段。在当代的建筑中，随着建筑物装修标准和智能化程度大幅提高，有些结构中主体结构所占的费用在建筑的投资结构中已经从 20 世纪 50 年代的 70% 下降到现在的 30% 左右，结构的过大损坏将使得附属设施失去使用功能，造成严重的经济损失。另外，结构的严重破坏使得结构的修复困难，而且修复费用较高甚至失去修复的意义。因此，损失控制极限状态就是要控制结构的严重破坏程度不能超过规定的限值。在损失控制极限状态下，结构的破坏表现为部分结构构件的失效、结构的局部严重破坏和有重要价值的附属设施的损坏。确定这一极限状态的设计限值时，还应考虑对人的生命可能造成的危险，如：①建筑物的倒塌；②机械设备、管线和家具等的倾倒、掉落和移动；③非结构构件的破坏，如紧急出口的门和楼梯；④场地的液化和滑坡。紧急出口和逃逸路线应避免非结构构件的倾倒和碎片的掉落。损失控制极限状态的设计限值可以用结构的弹塑性变形、非结构构件与结构构件的连接强度等工程指标来定义。

2.2.4　防倒塌极限状态

这一极限状态要求结构整体和局部楼层不致倒塌，以免造成其他楼层和结构的破坏以及相邻建筑的破坏。结构到达防倒塌极限状态可能会造成人员的伤亡，造成一定的社会影响和政治影响，确定这一极限状态的设计值应考虑这些因素，应将这些影响减小到最低限度。只有在结构受到超出抗震设防等级或结构所在地区可预见的地震作用下，才应该有可能出现这一极限状态。在结构设计中应尽量避免结构在设防地震作用下到达这一极限状态，设计限值可以选用结构的整体最大弹塑性变形能力、局部楼层的弹塑性极限变形能力、结构与构件的延性变形能力等。

在结构设计时应考虑结构的性能安全等级，因此根据结构的 4 种极限状态，对应地将结构的设计性能安全等级划分为 4 级。当结构在外荷载作用下性能处于某 2 种极限状态之间时，称结构处于未到达性能极限状态的安全等级。例如：当考虑结构在外荷载作用下其性能状态没有达到功能连续极限状态时，称结构处于功能连续设计性能安全等级，记为 A 级；当考虑结构性能处于功能连续极限状态和破坏控制极限状态之间时，称结构处于破坏控制设计性能安全等级，记为 B 级；同理可以定义损失控制设计性能安全等级，记为 C 级，防止倒塌设计性能安全等级，记为 D 级。为定量表示结构的设计性能安全等级，本书采用引入结构性能安全指数的概念。根据建筑结构统一设计标准和工业厂房可靠性鉴定标准得到构件性能的安全等级划分标准。假设某设计结构系统的失效概率为 p_f，功能连续性能极限状态时结构的失效概率为 p_{fA}，破坏控制性能极限状态时结构的失效概率为 p_{fB}，损失控制性能极限状态时结构的失效概率为 p_{fc}。通常经过合理设计的结构构件的失效概率很小，而且构件之间的失效概率数量级差别较大，计算极为不便而且容易产生较大的误差，因此，考虑取失效概率自然对数的负数值作为结构的设计性能安全指数，即结构的设计性能安全指数为

$$N = -\ln p_f \tag{2.1}$$

从式（2.1）可以看出，结构的失效概率越大，结构的设计性能安全指数的值越小。即结构越偏向于不安全。记 A 级、B 级、C 级安全等级的临界性能安全指数为 N_A、N_B、N_C，结构体系的设计性能安全等级划分标准见表 2.4。

表 2.4 结构设计性能安全等级划分标准

性能安全等级	A 级	B 级	C 级	D 级
设计性能安全指数	$N \geqslant N_A$	$N_A > N \geqslant N_B$	$N_B > N \geqslant N_C$	$N_C \geqslant N$

由于结构系统的安全性是由多种因素决定的，如结构的具体形式、各种随机变量的变异特性及其相互关系等，因此在不同的结构中，即使其所有构件的可靠性指标都相同，它们的安全性也可能是不一样的，也就是说各种结构的 N_A、N_B、N_c 是不相同的。

2.3 结构失效和破坏准则

在基于性能抗震设计中，需要考虑不同的结构失效模式。一般来说，根据结构失效模式引起的不同后果，可以分为以下三类失效模式：

（1）人员感受失效模式。主要是动力荷载作用引起的结构振动导致人员感觉不适、影响工作效率甚至损害人的健康。

（2）正常使用失效模式。结构在荷载作用下出现变形或振动等过大而影响正常使用性能。

（3）结构破坏倒塌。包括两种情况，一是在极值荷载作用下结构最大变形或强度超过极限值而引起结构发生重大破坏甚至倒塌；二是在常规荷载作用下结构发生疲劳破坏。

引起结构失效的原因是多种多样的，如应力或变形超出允许值，振动引起的失效等，下面介绍结构失效（破坏）的主要准则。

2.3.1 强度破坏准则

结构破坏是由最大应力或内力超过允许值引起，即

$$Q \geqslant [Q] \tag{2.2}$$

式中：Q 为结构的最大应力或内力，可以是剪力、弯矩或轴力；$[Q]$ 为相应的允许值。

强度破坏准则使用方便，但结构在地震作用下常常进入非线性状态、这时内力或应力

一般增加不多，但还有很大的塑性变形过程，因而此准则无法准确反映和区别结构屈服所在某一阶段的破坏强度。强度破坏准则一般只能反映结构从弹性进入弹塑性的状况。

2.3.2　变形破坏准则

结构的弹塑性变形超过某一极限值后认为结构发生破坏。一般可以采用结构的延性系数和结构层间位移来表达。用延性系数表达为

$$\mu \leqslant [\mu] \tag{2.3}$$

式中：μ 为结构的延性系数，$\mu = \mu_m / \mu_y$；μ_m 和 μ_y 分别为结构的最大位移和屈服位移；$[\mu]$ 为结构所要求的临界延性系数。

采用结构层间位移表达为

$$\Delta u \leqslant [\Delta u] \tag{2.4}$$

式中：Δu 为结构层间位移值；$[\Delta u]$ 为结构层间位移允许值。

由于采用层间位移描述的变形破坏准则直观方便并且可以较好地反映结构的件能水平，因而得到了广泛应用。我国抗震规范采用层间位移角来描述"小震不坏、中震可修、大震不倒"三级设防水准。表 2.5 给出了对不同类型的结构规定了弹性变形和弹塑性变形的限值。FEMA273 也采用了结构层间变形来定义结构的性能水平，见表 2.6。

表 2.5　　　　　　我国抗震设计规范规定的弹性变形和弹塑性变形值

结构类型	弹性变形	塑性变形	结构类型	弹性变形	塑性变形
钢筋混凝土框架	1/550	1/50	钢筋混凝土抗震墙	1/1000	1/120
钢筋混凝土框架-抗震墙	1/800	1/100	多、高层钢结构	1/250	1/50

表 2.6　　　　　　FEMA273 不同性能要求的层间位移角

结构类型	层间位移角/%			结构类型	层间位移角/%		
	立即入住	生命安全	防止倒塌		立即入住	生命安全	防止倒塌
混凝土框架	1	2	4	无筋砌体填充墙	0.1	0.5	0.6
钢框架	0.7	2.5	5	无筋砌体墙	0.3	0.6	1
带斜撑钢框架	0.5	1.5	2	带筋砌体墙	0.2	0.6	1.5
混凝土剪力墙	0.5	1	2	木结构墙	1	2	3

Wen 和 Kang 把结构的破坏状态分为 7 个等级，并采用结构层间变形作为评估指标，见表 2.7。

表 2.7　　　　　　破坏状态与层间位移角的关系

破坏等级	破坏状态	层间位移角/%	破坏等级	破坏状态	层间位移角/%
Ⅰ	完好	<0.2	Ⅴ	严重破坏	1.5~2.5
Ⅱ	很轻微破坏	0.2~0.5	Ⅵ	很严重破坏	2.5~5.0
Ⅲ	轻微破坏	0.5~0.7	Ⅶ	倒塌	>5.0
Ⅳ	中等破坏	0.7~1.5			

按照我国实际工程震害分析的习惯，将结构破坏程度划分为基本完好、轻微破坏、中等破坏、严重破坏及倒塌 5 个等级，并给出了钢筋混凝土框架结构层间变形与 5 个破坏等级的对应关系，见表 2.8。

表 2.8　　　　　　　　　　　结构破坏等级与层间位移角的关系

破坏程度	基本完好	轻微破坏	中等破坏	严重破坏	倒塌
位移角	<1/500	1/500～1/250	1/250～1/125	1/125～1/50	>1/50

变形破坏准则可以较好地反映结构进入非线性阶段后的主要破坏原因，比强度准则更先进了一步，但是其仅能反映结构最大位移响应，不能区分结构在地震荷载作用下不同持时内的弹塑性反应过程和损伤累积破坏现象。尽管如此，变形破坏准则（特别是层间变形表示的准则）由于其概念简单、应用方便、并且可以较好地反映结构的性能水平，仍然是实际工程中应用较多的判别准则。

2.3.3　能量破坏准则

地震对结构的作用是能量的传递、转化及耗散的过程，从能量的观点来考虑结构的抗震设计具有重要的意义。能量破坏准则认为结构在动荷载较长时间的作用下，其动力反应在低于破坏界限的幅值上多次往复，最后由于结构的累积滞回耗能超过结构允许的耗能能力而发生破坏。能量破坏准则可以表示为

$$E_h \leqslant [E_h] \tag{2.5}$$

式中：E_h 为结构实际累积滞回耗能；$[E_h]$ 为结构允许累积滞回耗能。

长期以来，国内外学者针对在地震作用下能量的吸收和耗散以及抗震结构的能量设计方法进行了大量的研究，目前在实际应用中仍存在一定的困难。该准则只考虑了结构的能量累积效应而忽略了变形所引起的结构破坏。另外，结构实际的和允许的累积滞回耗能不易准确计算。Park 和 Ang 建议用一个变形和能量的线性组合来确定结构的破坏指标，反映极值变形和累积变形能对结构破坏状态的影响。

2.4　结构位移性能的影响因素

2.4.1　主体结构构件的变形影响

选择设计位移目标首先要考虑业主的要求和结构的抗震设防性能等级，使结构在使用期限内地震作用下的破坏程度在可接受或预期的范围以内。结构的性能等级与构件的变形大小紧密相关。建筑主体结构是结构的主要承重构件，与人身安全关系重大，而且其破坏后相对于其他构件来讲修复费用大，所以主体结构构件在地震作用下的变形要严格控制在一定的范围内。

建筑主体结构构件的变形能力一直是建筑结构领域的一个主要研究课题，自 20 世纪 70 年代以来，研究者对混凝土构件的抗震性能展开了大量试验研究，获得了关于许多混凝土构件变形能力的试验资料，许多国家的抗震设计规范都规定了抗震变形验算的内容，

并规定了相应的变形限值。

我国学者对填充框架进行大量试验研究和有限元计算，表 2.9 给出了填充墙框架几个主要特征点的平均变形值，采用层间位移角扩大 1000 倍表示。墙面或框架柱初裂对结构的正常使用尚不致造成较大的影响。但当裂缝贯通时，会造成结构的附属物如贴面装修的破坏，继续使用时需要修复，说明结构的功能已经受到一定程度的影响。从裂缝贯通到柱端塑性铰出现，结构已经有了较大的变形，结构的使用功能受到了较大的影响，但结构修复后还可以继续使用，而且修复费用以及结构破坏造成的损失都还在可以接受的范围内。在柱端出现塑性铰以后，结构的局部地方将会出现较大的残余变形，有可能会引起结构的局部破坏，造成较大的经济损失，但不会对人员的生命安全造成威胁。

表 2.9　　　　　　　　填充墙框架几个主要特征点的平均变形值（$\Delta/h \times 1000$）

变形特征		墙面初裂	柱初裂	裂缝贯通	柱铰出现	屈服变形	极限变形
分类	实体墙	0.4	1.42	2.68	4.03	10.01	29.39
	开洞墙	1.08	2.53	4.31	6.72	13.02	39.14

2.4.2　非结构构件的变形影响

非结构构件主要指设计中不考虑风、地震等侧向荷载的部件，诸如内填充墙、隔墙等。但在地震作用下，这些构件或多或少的参与工作，从而改变了整个结构或某些受力构件的刚度和承载力及传力途径，将可能产生出乎意料的抗震效应或者发生未曾预计到的局部破坏，造成严重的震害。为了防止这些非结构构件可能对人身造成的伤害及影响主体结构或重要设施的使用，在选择设计位移时，要考虑这些非结构构件的变形能力。从控制损失角度讲，这些非结构构件的严重破坏还将会导致附着于其上的装饰装修的破坏，对非结构构件以及装饰装修的维修与更换会导致业主经济上的负担。因此，在设计时要考虑到非结构构件的变形能力，选择合适的变形设计值。

在对这些非结构构件的变形能力的研究中，研究相对比较多的是内填充砖墙的变形能力。通过对不同截面尺寸（长度、厚度和高度）、不同约束条件（外框梁柱、拉结筋配置）下的内填充砖墙的变形能力进行了研究，得到了不同受力程度下的墙体变形大小与破坏程度，为选择此类非结构构件的变形能力提供了参考。

2.4.3　装修等级的影响

随着经济的发展与人们生活水准的提高，建筑装修的费用占建筑结构投资的比例越来越高，结构装修的破坏将使业主遭受比较严重的经济损失。在选择设计位移时，应根据业主的要求，适当考虑装饰装修的变形能力。贴面装修如瓷砖贴面是最普通的装修，这类装修在地震中主要有两种破坏形式，即从墙体脱落或随墙体的开裂破坏而破坏。第一种破坏形式主要是因为贴面材料与墙体的黏结强度不够，因此，在保证不发生黏结破坏即黏结强度足够高的前提下，贴面的破坏将与墙体的变形能力有关，可以认为贴面具有与墙体相同的变形能力。木装修是一种比较常见的装修，由于木材柔性很好，因而木装修具有较好的变形能力，木装修的破坏主要体现在与附着物的黏结破坏，因此在选择设计位移时，可以不考虑木装修变形破坏的影响。

幕墙是一种投资较大、等级较高的建筑装修形式，一般由板材和骨架组成，板材可以是玻璃、金属板、石材或其他合成板材。玻璃幕墙与主体结构是通过钢骨架来连接的，并且在所有接缝处都安置了密封橡胶，石材幕墙是采用多点悬挂方式固定于主体结构的。近年来，国内外都对幕墙的变形性能以及抗震性能展开了研究。国内部分幕墙测试结果见表 2.10。

表 2.10　　　　　　　　　　　国内部分幕墙测试结果

测试单位	幕墙名称	有感层间位移角	最大层间位移角
中国建筑科学院抗震所	中央电视塔明框幕墙	1/260	1/140*
	丹阳某隐框幕墙	1/190	1/30
大连理工大学	沈飞明框幕墙	1/210	1/140*
	沈飞隐框幕墙	1/190	1/130*
同济大学	上玻厂隐框幕墙（振动台）	1/263	1/28
	上玻厂隐框幕墙（拟静力）	1/260	1/30

注：带 * 的数值表示在试验测试时对于小于其值时未测试。

2.5　基于性能设计理论的特点

PBSD 理论依据不同的抗震设防水准，将结构抗震性能划分为不同等级，根据建筑用途、业主的需求进行抗震设计，实现多级性能目标，达到安全可靠、经济合理的优化平衡。该抗震设计理论的实质是对地震破坏和震后的修复进行定量或半定量控制，确保人员伤亡、经济损失及震后的修复费用等在预期可接受的范围内。PBSD 理论虽然具有与传统设计理念和方法有所不同，但并不排斥目前抗震设计理论的成熟部分和已有经验。与目前的抗震设计理论相比，PBSD 理论具有如下特点：

（1）PBSD 理论提出了多级设计的理念。虽然它可以用中震和大震来描述设防地震等级，与现行设计理论有相似之处，但它认为确定结构抗震性能目标包括人身安全和财产损失两方面，而且非结构构件和内部设施的破坏在损失中占很大的比重，在设计中应进行全面的分析，选择经济效果最佳的抗震设计方案。

（2）PBSD 理论认为结构抗震性能不限于抗震规范规定的目标，可根据实际需要、业主需求、投资能力等因素，选择可行的抗震设防目标。因此，结构的抗震能力不是设计后的抗震验算结果，而是按选定的抗震性能目标进行设计，结构在未来地震中的抗力是可预期的。

（3）虽然 PBSD 理论仍对一些重要参数设定最低允许值，比如：地震作用、层间位移等，但给予设计者更大的灵活性，设计者可选择能实现业主需求抗震性能目标的设计方法与相应的结构设计措施，有利于新材料和新技术的应用。

（4）PBSD 理论根据社会发展和业主需求不断持续改进，针对第一代 PBSD 未充分考虑地震后影响建筑恢复使用功能的外部阻碍因素和次生灾害对建筑的影响，在原有基础上产生了新一代 PBSD 理念，基于韧性的抗震设计思想和理念，采用修复费用、人员伤亡情况和建筑使用功能的中断时间等性能指标。这些性能指标对于业主、投资人或房屋用户来说更易理解且更有价值，可以更好地帮助他们进行决策。

第3章 SDOF 系统地震反应及反应谱

建筑结构抗震设计首先要计算结构的地震响应,结构的地震响应分析属于结构动力学范畴,是结构动力学理论最重要的应用之一。本章主要研究 SDOF 系统对地震运动的响应。由于地震能够引起许多结构破坏,因此屈服和弹塑性体系的地震反应是主要研究内容,但弹性体系的地震反应是研究弹塑性地震反应的基础。因此,在弹性 SDOF 地震响应基础上,重点研究弹塑性和刚塑性 SDOF 的地震响应。本章首先研究 SDOF 地震响应以及这些响应如何依赖 SDOF 参数;然后介绍了反应谱概念、特性;最后引出为抵抗未来地震新建结构的是和既有结构安全评价所采用的设计反应谱。

3.1 弹性 SDOF 系统地震响应及反应谱

3.1.1 地震激励

在工程上,地面加速度随时间的变化时定义地震中地面震动是最有效的方式。记录地震中地面震动的三个分量的最基本仪器是强运动加速度仪,仪器并非不断记录,而是由最先到达的地震波触发而引起运动的。仪器在触发之后,记录持续几分钟或直到地面震动回落到觉察不到的水准。仪器必须定期保养和维修以便震动发生时能够记录到。加速度仪的基本原件是一个传感器,它的最简单形式是 SDOF 质量-弹簧-阻尼器系统。因此传感器以它的固有频率和黏滞阻尼比为特征量,具有一定的精确频率范围。

但是,即便在今天,世界上的一些地区还没有或者很少得到破坏性的地震记录。如:1993 年引起大规模破坏的两次地震(9 月 30 日印度的 Killari Maharashtra 地震和 8 月 8 日美属关岛地震)就没有强运动记录。这是由于不知道发生地震的时间和精确地点,并且仪器安装和维护的预算有限,只是在最强的震动区偶尔才有可能获得这样的记录,更多的记录是在发生中等地面震动的地区获得的。

第一条强震加速度记录是在 1933 年的美国长堤港地震中获得的,从那以后获得了几百条记录,就像预期的那样,大部分记录都是强度很小的部分,当中仅有一小部分超过 $0.2g$ 或更大加速度,这些地面运动记录很不均匀。但是,随着数字加速度仪分辨率的提高及频率范围的增大,地面运动记录数据质量不断提高,数量不断增加。为了减轻或者避免地震带来的损失,作为土木工程技术人员有必要对有关地震基本知识进行了解,以便更好地研究防止或减少结构由于地震造成的破坏,提高结构抗震性能。

地震的强度通常用震级和烈度等来反应。震级是表示一次地震本身强弱程度和大小的尺度。目前国际上较通用的为里氏震级，一定程度上反映了地震释放的能量大小。震级主要由地震时断裂断层的长度和横截面尺寸及断层断裂时附近岩石中应力的减小程度决定。震级为 5.0～5.5 级的地震，断裂长度可达数千米。8.0 级地震断裂滑移长度达到 400km，震级 M 与地震释放能量 E（尔格）的关系为 $\lg E=11.8+1.5M$。震级相差一级，能量相差约 32 倍。地震的震级和其发生的年概率关系符合耿贝尔第一类极值分布。小震年发生概率大，大震年发生概率小，但这种关系随着取样区域的减小可靠性降低，如给定地区内小震、中震年发生概率值基本不变，但对于受单一断层地震影响的大震，年发生概率会发生变化，这是因为大震后余震立即消失，同一断层的主干断裂运动的概率大大降低，降低了地震年发生概率。比如智利海岸的南极洲板块与美洲交界延伸线上的地区强震趋于出现在特定的断层段，具有规律性的时间间隔，并且震级相对稳定。对于中震甚至大震时，某段断层断裂增加周围的附加应力，该段断层在近期再次发生断裂的概率增大。比如土耳其的安纳托利亚断层、纳斯卡与美洲板块交界的潜没边界上的断层断裂趋于在断层相邻段连续有规律出现。一般情况下，地震危险性分析基于当地风险基于时间不变性的假定。

地震烈度是指地震时某一地区的地面和各类建筑物遭受一次地震影响的强弱程度，一次同样大小的地震，若震源的深度、离震中的距离和土质条件等因素不同，地震的烈度不同。为评定地震烈度，需要建立一个标准成为地震烈度表，以描述震害宏观现象为主。但是目前还没有统一的标度，修正麦加利地震烈度较为常用。研究者试图将不同结构材料的损伤的现象与可度量的参量（诸如地震加速度峰值、速度峰值）联系起来定义，还不成熟。同一地震参数对不同类型的结构影响不同，地震加速度峰值可能对脆性结构重要，但对于柔性大的结构震动持时为关键参数并非加速度峰值。

地震的烈度，随着距断层的距离增大而减小，通常采用衰减关系来描述。这种衰减关系是从所记录的加速度数据中找到的平均值，不考虑影响烈度的很多其他因素。事实上，距震源距离相同地区，烈度具有很大的空间差距。Somerriue 等强调对于周期大于 1s 的地震空间差异更明显，这对于结构抗震设计十分重要。造成空间差异的因素包括断层面的方位、断层的类型、断层面分布和发展等震源特性。随着点源模型的完善、改进，基于概率地震危险性分析确定的场地烈度准确性会提高。

不论是地震烈度还是地震动参数，衰减关系都具有很强的地区性。不同地区的震源特性、传播介质与场地条件都可能不同，衰减规律和空间差异性自然不同。Somerville 等根据洛杉矶地区地震环境，总结了该地区影响衰减规律和空间差异的因素。

（1）近断层地震方向脉冲。主要为垂直断层长周期窄带脉冲，周期随着地震强度（震级）增大而增大，矩震级 M_w 为 6.7～7.0 时，脉冲周期为 1s；矩震级 M_w 为 7.2～7.6 时，脉冲周期为 4s。

（2）逆断层地震。逆断层地震较平移断层地震强度高 20％～40％。

（3）隐伏断层地震。为浅源地震，地表破坏不大，一般较地表断层地震强度高 20％～40％。1989 年的美国洛马-普雷塔地震和 1994 年北岭地震均为浅源地震。

（4）大型地表断层地震，地震动产生地表大型断层，比如 1999 年中国台湾集集地震，采用当前地震动模型预测的地震比实际地震强度高，总体来说，此类地震比潜伏断层地震强度低。

（5）盆地效应，当前包括我国在内许多国家基于上部 30m 的土层中地震波剪切速度来调整设计地震，这种做法只有当地震动周期较短时比较精确。当地震动周期大于 1s 时，地震波长超过了 30m，地震响应可能受到几百米甚至几千米深度土层影响，由于盆地边缘地震波和盆地下部地震波的相长干涉，尤其是盆地具有陡倾断层控制的边缘，盆地效应会更加显著。

　　近年来发展的混合模拟程序可以将以上特征综合考虑，计算宽频带地震动时程分析计算地震场景预测，基于这些技术的概率地震危险性分析比基于衰减关系的分析可靠度更高，场地地震活动性的特征描绘随技术不断提高。研发具有类似反应谱形状和描述特征图变量坐标的描绘局部地区的地震活动特征图，将是未来研究的方向。

3.1.2　运动方程

　　为了研究 SDOF 系统的地震响应，首先需要建立在地震作用下的运动方程。对于如图 3.1 所示的 SDOF 系统，利用达朗贝尔原理可得运动方程为

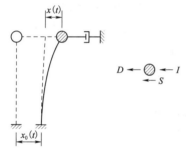

$$m\ddot{u} + c\dot{u} + f_s = -m\ddot{u}_g(t) \tag{3.1}$$

式中：$\ddot{u}$、$\dot{u}$、$\ddot{u}_g$ 分别为质点 m 相对地面的加速度、速度和地面加速度；f_s 为 SDOF 系统抗力，对于弹性体系，$f_s = ku$；u 为体系质点相对地面的位移。对于弹塑性体系，$f_s = f_s(u, \dot{u})$，可由弹塑性力与位移关系确定。

　　将式（3.1）两边除以 m，得到

$$\ddot{u} + 2\xi\omega_n\dot{u} + \omega_n^2 u = -\ddot{u}_g(t) \tag{3.2}$$

图 3.1　地震 SDOF 系统运动状态

　　由式（3.2）可知，对于给定的 $\ddot{u}_g(t)$，弹性体系位移反应 $u(t)$ 取决于 ω_n（或固有周期 T_n）和阻尼比 ξ，形式上可以写成，$u \equiv u(t, T_n, \xi)$。这样，任意两个具有相同的 T_n 和 ξ 值的体系，具有相同的位移反应。

3.1.3　反应谱的概念

　　反应谱作为一种实用工具用来描述地面运动及其对结构的效应，以及从地震加速度记录或概率地震危害性分析得到的基本信息，为具有不同振动周期的 SDOF 振子在地震波激励下响应峰值。

　　结构工程领域最感兴趣的是体系的变形或质量相对于运动地面的位移 $u(t)$，若结构上支撑着敏感设备并且要确定传递给设备的作用力，则确定质量的绝对加速度 $\ddot{u}_{ab}(t)$ 也是必须的。因此有必要研究位移反应谱以及两个相关的谱：拟速度反应谱和拟加速度反应谱。

　　给定阻尼比保持不变，输入地震波，在一定范围内改变 SDOF 系统的周期，运用时程分析法重复计算，便得到位移峰值与周期的关系曲线，即位移反应谱 $SD(\zeta, \omega)$。

　　在获得位移反应谱后，通过以下公式可以获得拟速度反应谱和拟加速度反应谱。

　　拟速度反应谱

$$PSV(\zeta, \omega) = \omega SD(\zeta, \omega) \tag{3.3}$$

　　拟加速度反应谱

$$PSA(\zeta,\omega)=\omega^2 SD(\zeta,\omega) \tag{3.4}$$

地震中储存在体系中的峰值应变能为

$$E_{s0}=\frac{ku_0^2}{2}=\frac{kD^2}{2}=\frac{k(V/\omega)^2}{2}=\frac{mV^2}{2}$$

式中：D 为 SDOF 系统的峰值位移，$D=u_0=\max|u(t)|$；V 为峰值伪速度。

因此，速度可以反映震中结构储存的应变能。

拟加速度与体系基底剪力 V_{b0}（或是等效静力峰值 f_{s0}）的关系为

$$V_{b0}=f_{s0}=ku_0=kD=m\omega^2 D=mA$$

峰值基底剪力为

$$V_{b0}=\frac{A}{g}w \tag{3.5}$$

式中：w 为结构重量；g 为重力角速度；A 为峰值伪加速度；A/g 可以理解为底部剪力系数或者侧向力系数。

对于给定的地面运动分量 $\ddot{u}_g(t)$，可以按下列步骤剪力反应谱：

（1）数值定义地面加速度分量 $\ddot{u}_g(t)$，通常将地面运动按时间间隔 0.02s 进行定义。

（2）选择 SDOF 系统的固有振动周期 T_n 和阻尼比 ζ。

（3）采用数值方法计算 SDOF 系统在地面运动 $\ddot{u}_g(t)$ 作用下的位移反应 $u(t)$。

（4）确定 $u(t)$ 的峰值。

（5）谱的纵坐标为 $D=u_0$，$V=(2\pi/T_n)D$，$A=(2\pi/T_n)^2 D$。

（6）对于工程中感兴趣的 T_n 值和 ζ 值范围重复第（2）步到第（5）步。

（7）将从第（2）步到第（6）步得到的结构用图表示出来，便可以得到反应谱，如图 3.2 所示给出了 El Centro 地面运动的弹性反应谱。

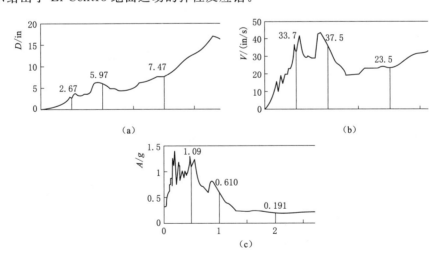

图 3.2 El Centro 地面运动弹性反应谱

图 3.3 给出了 4 个不同阻尼比，在 3 条不同地震波作用下的加速度的反应谱和位移反应谱，从图 3.3（a）中可知，Whittier 地震波在周期为 0.25s 时，峰值加速度最大超过 0.8g，这可认为是地面强震合理反应。因为在地震高发区设计地震加速峰值不大于 0.4g，

最大峰值加速度响应值不大于 $1.0g$。然而，从位移反应谱可以发现，在同一条地震波的激励下，阻尼比为 0.05 的体系最大峰值位移小于 20mm。这样，结构经受较小的位移响应，变形在弹性范围内基本不受损伤。虽然峰值加速度响应峰值很大，但峰值位移响应较小，说明只有刚而脆的结构在类似 Whittier 地震波的激励下，才有发生破坏倒塌的危险，这与在 Whittier 地震中发生损伤的结构特性十分相符。从图中还可以看出，体系的周期大于 1.5s 时由于峰值加速度响应太小而无法得到任何信息，但对于位移反应谱而言则可得到中长周期的信息，并且当体系周期大于 2s 时，峰值位移出现惊人的相似并趋于相同。事实上，这些数据虚假无效，原因为 Whittier 地震波记录数据采用模拟加速度仪采集的，滤波的周期为 3s。Bommer 等提出由于滤波器的衰减，使周期超过滤波器周期 2/3 的数据不可信，因此对于周期为 3s 的滤波器采集的 Whittier 地震波的位移反应谱中，周期超过 2s 的数据无意义。

　　图 3.3（b）为 Northridge Sylmar 地震波的反应谱。由图可知，阻尼比为 5% 的体系，

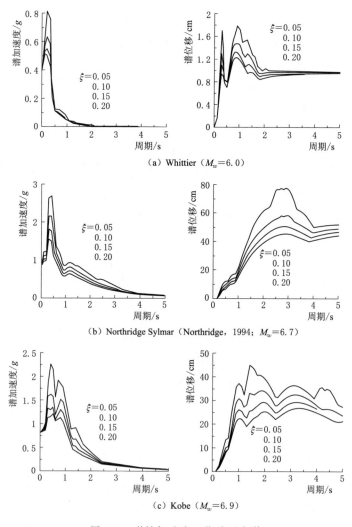

(a) Whittier（$M_w=6.0$）

(b) Northridge Sylmar（Northridge，1994；$M_w=6.7$）

(c) Kobe（$M_w=6.9$）

图 3.3　弹性加速度、位移反应谱

峰值加速反应为 $2.7g$ 约为 Whittier 地震波反应谱的 3 倍，由于采用数值记录仪采集数据，位移反应谱在更长的周期内有效。最大峰值位移为 $800mm$，约为 Whittier 地震波反应谱的 40 倍。显然，Northridge Sylmar 地震较 Whittier 地震具有更大的潜在危险，当周期超过 3s（峰值位移最大）时，峰值位移随周期的增长而减小。图 3.3（c）为 Kobe 地震波的反应谱，具有很大峰值位移，特征基本与 Northridge Sylmar 地震波类似，最大位移峰值出现的周期较小。

3.1.4 设计反应谱

设计反应谱应该满足一定的要求，因为研究应用它的目的是为了使新结构的设计或既有结构的地震安全评定能够抵抗未来的地震，因此，用过去地震中记录的某个地面运动的反应谱是不合适的。从一般意义上讲，设计反应谱应是某个场地过去地震中记录到的地面运动的代表，如果有的场地没有地面运动记录，那么可基于类似条件的其他场地记录给出这个场地的设计反应谱。

1. 加速度反应谱

近年来，在许多规范给出了更详细的信息，如美国国际建筑规范（IBC）和意大利新的抗震设计规范，对于给定不同地震重现期的场地，给出 2 个或 3 个关键周期的加速度谱坐标。通常情况下以计算机化数据库方式给出，由场地的经度、维度便可得到设计所需数据，一般情况下只提供加速度反应谱，位移反应谱还没被设计规范广泛采用。

图 3.4（a）给出了加速度反应谱，由大量地震记录加速度反应谱平均得到，因此形状比较光滑。通过地震的概率危险性分析，得到研究场地各周期对应的危险性曲线，然后将对应的某一将定超越概率的谱值及其对应的周期集合成地震反应谱，所有谱值的超越概率相同。

加速度反应谱横坐标从 $T_n = 0$ 开始，纵坐标值从地震动峰值加速度（PGA）开始线性增至 $T_n = T_A$（一般为 0.15s），对应加速度反应谱最大值。对于软土地基，一般规范扩大上述硬土地基或岩石地基对应的 PGA。加速度反应谱平稳峰值为 PGA 的 $2.5 \sim 2.75$ 倍，一直到 T_B 保持不变。T_B 主要依赖于地表覆盖土层的厚度和剪切波速，一般软土地基较大，同时还依赖于地震等级的大小，当 T_B 值较小时，与较小震级成正比。当周期 T_n 大于 T_B 时，加速度反应谱的值开始减小，与 T_n 成反比。此阶段速度响应不变，在许多规范中一直持续至反应谱结束。但在少数规范中，此阶段周期上限为 T_C，超过 T_C 后，加速度响应与 T_n^2 成反比。

一般情况下，加速度反应谱可通过式（3.6）定义

$$0 < T_n \leqslant T_A : S_{A(T)} = PGA\left[1 + (C_A - 1)\frac{T}{T_A}\right] \tag{3.6a}$$

$$T_A < T_n \leqslant T_B : S_{A(T)} = C_A PGA \tag{3.6b}$$

$$T_B < T_n \leqslant T_C : S_{A(T)} = C_A PGA \frac{T_B}{T} \tag{3.6c}$$

$$T_C < T_n : S_{A(T)} = C_A PGA \frac{T_B T_C}{T^2} \tag{3.6d}$$

式中：S_A 为反应谱峰值加速度；C_A 为峰值响应加速度 PGA 计算系数。

2. 弹性位移反应谱

虽然在许多规范中没有定义弹性位移反应谱，但是位移反应谱越来越普遍。位移反应谱最好是与加速度反应谱相互独立，由地震加速度数据计算得到，但是，目前规范中的位移谱，大都由加速度反应谱转换而来。基于假定峰值响应由稳态正弦响应控制，则可以得到位移谱值与加速度谱值对应关系：

$$\Delta_{(T)} = \frac{T_n^2}{4\pi^2} S_{A(T)} g \tag{3.7}$$

式中：g 为重力加速系数；$S_{A(T)}$ 加速度峰值响应系数。

3. 位移反应谱的特点

由图 3.4 可以看出，在位移反应谱中，当 $T_n < T_C$ 时，峰值位移响应与周期 T_n 大致呈正比关系；在短周期即 $T_n < T_B$，与周期成非线性关系，但此阶段对基于位移设计来说意义不大。

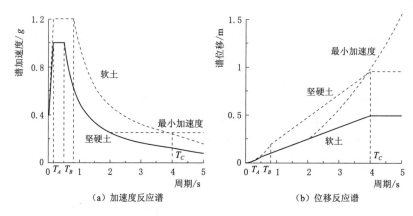

（a）加速度反应谱　　　　　　　（b）位移反应谱

图 3.4　设计反应谱

图 3.4（b）的位移反应谱的形状与图 3.5 中利用地震波计算得到的位移谱形状大致相符，与图 3.3（b）、图 3.3（c）比较可知，最大位移出现的周期也基本相符（约为 4s），最大位移值同地震波的峰值加速度即 PGA 相匹配。图 3.4（a）中的最小设计加速度对应图 3.4（b）中的位移谱是不切实际的长周期结构位移需求。图 3.4（b）只给出了周期小于 5s 的位移谱，当周期为 6s 时，由式（3.7）可得结构位移响应达到 6.2m，这进一步说明了规定最小设计加速度的做法是不符合实际的。

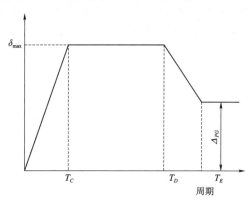

图 3.5　EC8 位移反应谱

更为常见的位移反应谱如图 3.5 所示。图 3.5 为 EC8 中定义的位移反应谱，从图中可知，当 $T_n < T_C$ 时，位移与周期成正比关系，然后保持平稳不变至周期 T_D，在 T_D 至 T_E 段，位移响应线性下降至地面位移响应峰

值 Δ_{PG}。位移下降段周期相关信息可信度低，除了设计极长周期结构诸如悬索桥或者大直径液体容器（由于对流振动模式周期很长）。可以保守地假设当 $T_n > T_C$，位移响应保持不变。但是值得注意的是，图 3.3 中三条位移反应谱与图 3.5 中反应谱比较，形状总体基本相似。

Faccioli 等利用大量的地震波记录经过分析计算反应谱，给出了影响反应谱的因素，这些地震波包括了 1999 中国台湾集集地震（$M_w = 7.6$）、欧洲和日本（$5.4 < M_w < 6.9$）地震。主要得出以下结论：①阻尼比为 5% 的位移反应谱，$0 < T_n < T_C$ 阶段具有随着周期呈线性增加的趋势；当 $T_n > T_C$ 时，在大震作用下位移响应峰值保持不变，在中震下略有减小趋势，因此，假定此阶段位移响应峰值不变是保守的。②对于阻尼比为 5% 的位移谱，10s 可以为反应谱的最长周期。③场地对位移放大在任何小于 10s 的周期内都有效，对于软土场地，在大震作用下，在周期为 T_C 时，影响有减弱趋势，但是对中等地震，这种影响不明显。在距震源为 30～50km 时，在中震和大震作用下，软土场地放大效应提高。当 $M_w > 0.7$ 时，T_C 随着震级增大而增大，可以用式（3.8）计算

$$T_C = 1.0 + 2.5(M_w - 5.7) \tag{3.8}$$

峰值位移响应 $\delta_{\max}$ 与矩震级 M_w、震中距 r 以及断裂时围岩应力降低值（一般为 1～10MPa）等因素相关。对于坚硬场地，Faccili 给出了关系式：

$$\lg \delta_{\max} = -4.46 + 0.33 \lg \Delta \delta + M_w - \lg \gamma \tag{3.9}$$

式中：$\Delta \delta$ 为应力降低值，MPa；M_w 为震级；γ 为震中距（对于罕遇强震为震中到断层面的最近距离），km。

式（3.9）可表达为

$$\delta_{\max} = C_s \cdot \frac{10^{(M_w - 3.2)}}{\gamma} \tag{3.10}$$

式中：C_s 为系数，对于岩石：$C_s = 0.7$，对于坚硬土：$C_s = 1.0$，对于中度硬土：$C_s = 1.4$，对于软土：$C_s = 1.8$。

C_s 取值可以从 PGA 和 T_B 的修正角度得到解释，随着对地震数据进一步分析研究，会得到更好解释。

图 3.6 以 $C_s = 1.0$ 时式（3.10）计算的周期为横坐标，以矩震级分别为 6.0、6.5、7.0、7.5 时式（3.8）的计算位移为纵坐标。由图可以得出矩震级和震中距对反应谱形状和最大位移值的影响为：当震级较大，震中距较小（$\gamma = 10$km），式（3.8）计算的峰值位移响应偏大；当 $\gamma < 10$km 时，反应谱参数趋于稳定，因此计算时，当 $\gamma < 10$km 时，取 $\gamma = 10$km。对于中震的最小震级（$5.5 < M_w < 6.0$）时，预测峰值位移明显偏小，甚至震中距为 10km 也是如此。此时，大多数 3 层以上的框架结构的有效屈服位移超过了阻尼比为 5% 的反应谱峰值位移，因此在设计水准地震作用下结构处于弹性阶段。在位移反应谱研究的初期，以上做法为预备措施。当采用一致风险性形式位移谱后，降低了矩震级和震中距对位移反应谱的这种影响。

欧洲规范 EC8 规定，对于 $M_w < 5.5$ 的地震，$T_C = 1.2$s。对于 $M_w \geqslant 5.5$，$T_C = 2.0$s，这意味着对于超过 8 层的结构，地震时处于弹性阶段。Boore 和 Bommer 等认为，T_C 较小的原因是由于采用模拟地震仪记录的数据，得到大于 2s 的响应结果可靠度低。

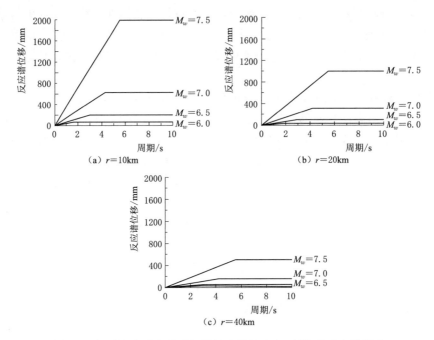

图 3.6　矩震级和震中距对坚硬场地阻尼比为 5% 位移反应谱影响

基于地震学理论、美国 NEHRP 推荐采用式（3.11）表示转角周期 T_C 和矩震级 M_w 的关系：

$$T_C = -1.25 + 0.3 M_w \qquad (3.11)$$

由于基于位移设计为当前研究热点问题，地震学家一直采集丰富地震波记录数据、研究位移反应谱、完善设计时位移信息。意大利在地震活动时采用类似加速度反应谱图形，在拐角周期 T_C 和对应的峰值位移结束位移反应谱。初步研究结果表明，通过式（3.8）和式（3.10）分别得到的 T_C 和峰值位移均需提高约 20% 进行修正。图 3.7 比较了不同以震级为变量公式计算得到的拐角周期，由图可知，EC8 中方法计算结果与 NEHRP 方法计算结果和 Faccioli 等研究结果相差甚远。后来，Faccioli 采用广泛分布世界的 1700 条数字地震波记录进行研究，结果如图 3.7 中的 3 个圆点位于式（3.8）和式（3.10）之间，说明了这种研究方法的进步性和准确性。图 3.8 为 Faccioli 等采用震级 $6.4 < M_w < 6.6$，离断层距离不同的 1700 条地震记录计算得到的平均位移反应谱，这些地震波按照离断层距离不同分组，离断层距离分别在 $10 \sim 30 \mathrm{km}$ 和 $35 \sim 50 \mathrm{km}$，可以理解为各组离断层平均距离分别为 $20 \mathrm{km}$、$40 \mathrm{km}$ 的场地。如图 3.8 所示，双线形反应谱可以确定峰值位移平稳段，同时满足在短周期范围内正常加速度（位移）与周期的关系；随着距断层距离增大，T_C 略有增大，位移平稳段缩短，缩短量较式（3.10）计算结果略大。对长周期结构，不同方法计算的 T_C 差异较大。比如：某结构高度为 60m（约 20 层），场地为坚硬土，$PGA = 0.4g$，矩震级 $M_w = 7.0$，位于断层附近，自振周期约为 6s。在位移反应谱中，利用式（3.6）和式（3.7）可得 T_C 对应的弹性位移为

$$\Delta_c = C_A PGA T_B T_C g / (4\pi^2) \qquad (3.12)$$

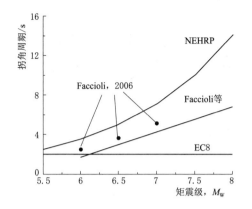

图 3.7 位移反应谱中拐角周期 T_C 与
矩震级的关系

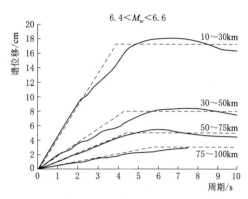

图 3.8 世界各地 1700 地震波平均位移
反应谱和简化的双线形反应谱

将 $T_B = 0.5s$，$T_C = 2s$（由 EC8 确定）、4.25s〔式（3.8）计算〕、7.1s〔式（3.11）计算〕代入式（3.12），可得，Δ_c 为 250mm、530mm、880mm。使用 EC8 和 Faccioli 方法即式（3.9）计算得到的结构自振周期超过了 T_C，根据等位移原则，结构位移等于反应谱峰值位移。采用 NEHRP 规定方法即式（3.11）计算得到的 T_C 大于结构的弹性振动周期，因此采用 6s 代替 T_C，计算出结构位移为 740mm。由非线性静力分析可得框架的屈服位移为 400m。这样，EC8 中方法预计结构处于塑性阶段，位移约为屈服位移的 60%。另外两种方法预计结构进入了弹塑性阶段，延性系数分别约为 1.3 和 1.8。

目前，不同方法计算的差异对长周期结构设计及地震响应影响大。但对运用基于位移的抗震设计方法影响不大。值得注意的是基于位移的设计方法通过延长有效周期及其对应的峰值响应（即增大反应谱横向周期坐标）使计算不准确。因此，设计时不应通过扩大横向周期坐标，而应采用原始反应谱定义的周期。基于力的抗震设计方法基于位移等效假设，即结构的最大弹塑性位移与具有相同弹性刚度的等数弹性系统的最大弹性位移。由于结构进入弹塑性阶段延性结构刚度退化阶段周期较弹性阶段延长。因此等效位移假设存在与基于等效刚度设计相同的不确定性。

3.2 弹塑性 SDOF 系统地震响应及其反应谱

在强烈地震作用下，结构进入了弹塑性阶段。大多数建筑材料在弹性阶段，力与变形的关系符合胡克定律，是直线关系。结构进入弹塑性阶段后，力与变形不再是一一对应的关系，变形大小与加载的历史有关，卸载过程中，力与变形符合胡克定律，完全卸载后留有残余变形。

3.2.1 力与变形的关系

恢复力模型是进行结构弹塑性分析的基础，包括骨架曲线和滞回曲线。骨架曲线是指各次滞回曲线峰值点的连线；滞回曲线常采用反复静荷载试验法来确定。图 3.9 为 3 种不同材料实验得出的滞回曲线。

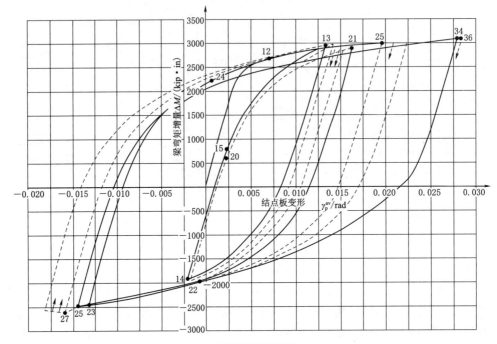

（a）钢构件的滞回曲线

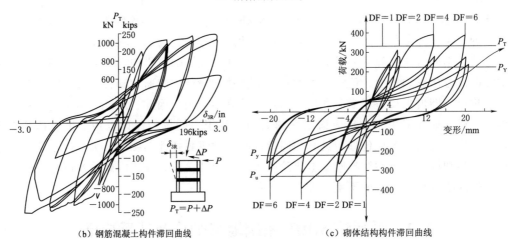

（b）钢筋混凝土构件滞回曲线　　　　　　　（c）砌体结构构件滞回曲线

图 3.9　几种不同材料结构构件滞回曲线

为了适用于计算机模拟计算，提高计算速度，需对图 3.9 所示的滞回曲线进行简化，一般简化为如图 3.10 所示的几种形式。

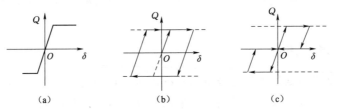

（a）　　　　　　　　（b）　　　　　　　　（c）

图 3.10　简化弹塑性滞回曲线

3.2.2 运动方程和控制参数

对于弹塑性 SDOF 在地震作用下，运动方程为

$$m\ddot{u} + c\dot{u} + f_s(u,\dot{u}) = -m\ddot{u}_g(t) \tag{3.13}$$

将上式两边同时除以 m 后得

$$\ddot{u} + 2\zeta\omega_n^2\dot{u} + \omega_n^2 u_y \overline{f}_s(u,\dot{u}) = -\ddot{u}_g(t) \tag{3.14}$$

其中

$$\omega_n = \sqrt{\frac{k}{m}}$$

$$\xi = \frac{c}{2m\omega_n}$$

$$\overline{f}_s(u,\dot{u}) = \frac{f_s}{f_y} \tag{3.15}$$

从式（3.14）可知，对于给定的 $\ddot{u}_g(t)$，弹塑性体系位移反应 $u(t)$ 取决于 ω_n（或固有周期 T_n）、阻尼比 ξ 和屈服位移 u_y。ω_n 是体系在弹性阶段的振动（即：$u \leqslant u_y$）的固有频率。在此将 ω_n、T_n 分别称为非弹性体系的小振荡频率和小振荡周期。类似地，ξ 是基于非弹性体系在其弹性阶段振动时临界阻尼 $2m\omega_n$ 的体系阻尼比。函数 $\overline{f}_s(u,\dot{u})$ 描述的是以部分无量纲形式表示的力与变形的关系，如图 3.11 所示。

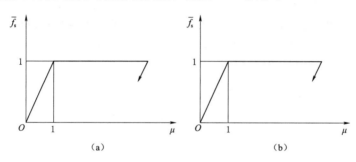

图 3.11 标准化形式下力与变形的关系

对于给定的 $\ddot{u}_g(t)$，延性系数 μ 依赖于 ω_n、ξ 和 $\overline{f}_y$ 等 3 个参数。首先根据 $\mu(t) = u(t)/u_y$ 将 $u(t) = u_y\mu(t)$、$\dot{u}(t) = u_y\dot{\mu}(t)$、$\ddot{u}(t) = u_y\ddot{\mu}(t)$ 代入式（3.14），两边除以 u_y

$$\ddot{\mu} + 2\zeta\omega_n\dot{\mu} + \overline{f}_s(\mu,\dot{\mu}) = -\omega_n^2 \frac{\ddot{u}_g(t)}{a_y} \tag{3.16}$$

式中：a_y 为屈服加速度，即产生屈服力 f_y 必需的加速度；$\ddot{u}_g(t)/a_y$ 为地面加速度和体系屈服强度一种量度的比值。

式（3.16）表明，地面加速度 $\ddot{u}_g(t)$ 增大一倍如同体系的屈服强度减半，获得相同位移反应 $u(t)$。其次，还可以看出，给定的 $\ddot{u}_g(t)$ 和 $\overline{f}_s(\mu,\dot{\mu})$，$u(t)$ 取决于 $\omega_n\xi$ 和 a_y；反过来，a_y 依赖于 $\omega_n\xi$ 和 $\overline{f}_s(\mu,\dot{\mu})$。

1. 屈服的影响

为了便于研究弹塑性 SDOF 体系地震响应，首先定义几个相关参数：①对应弹性体

系，是指具有与弹塑性体系初始加载期间相同刚度、质量和阻尼的弹性体系。②标准屈服强度 $\overline{f}_y$，$\overline{f}_y = f_y/f_0 = u_y/u_0$，其中 f_0、u_0 分别为地震引起的对应弹性体系抗力和变形的峰值；f_y、u_y 分别为弹塑性体系的屈服强度和屈服位移。③屈服强度折减系数 R_y，$R_y = f_0/f_y = u_0/u_y$。显然，R_y 为 $\overline{f}_y$ 的倒数。对于弹性体系 $R_y = 1$。④延性系数 μ，$\mu = u_m/u_y$，其中，u_m 为弹塑性体系在地震作用下的峰值变形。

以 El Centro 地面运动为地震激励输入 $\overline{f}_y = 0.125(R_y = 8)$、$f_y = 0171w$（其中，$w$ 为 SDOF 重力）的弹塑性 SDOF 体系进行计算。图 3.12 给出了前 10s 计算结果。由图可知：从 a 点开始直到 b 点，体系处于弹性阶段 $f_s < f_y$，变形较小；随着 f_s 增大当 $f_s = f_y$ 时，体系开始屈服，变形首次达到屈服变形。从 b 点到 c 点体系一直处于屈服状态 [图 3.12（c）]，$f_s = f_y$ 保持不变 [图 3.12（b）]，力与变形关系如图 3.12（d）的 $b-c$ 段。在变形的局部极大值 c 点，速度为零，变形开始反向 [图 3.12（a）]，体系开始沿 $c-d$ 段弹性卸载 [图 3.12（d）]，在此阶段内体系没有屈服 [图 3.12（c）] 继续卸载直到 d 点 [图 3.12（d）]，恢复力降至为零。接着体系开始在反向加载，这种加载一直持续到 f_s 达到 e 点的 $-f_y$ [图 3.12（b）和（d）]。此时，屈服在反向出现，并且持续到 f 点 [图 3.12（c）]，在这一时段内 $f_s = -f_y$ [图 3.12（b）]，体系沿塑性段 $e-f$ 运动 [图 3.12（d）]。在变形的局部极小值 f 点，速度为零，变形开始反向 [图 3.12（a）]，体系开始 $f-g$ 弹性再加载，在此阶段体系未屈服 [图 3.12（c）]。在 g 点再开始时体系的抗力为零，并且再加载将沿弹性段持续直到抗力达到 $+f_y$。

与弹性体系不同，弹塑性体系在屈服后不在其初始平衡位置附近振荡，屈服引起体系的位移偏离其初始平衡位置，体系在新的平衡位置附近振荡，直到下一次屈服时，此平衡

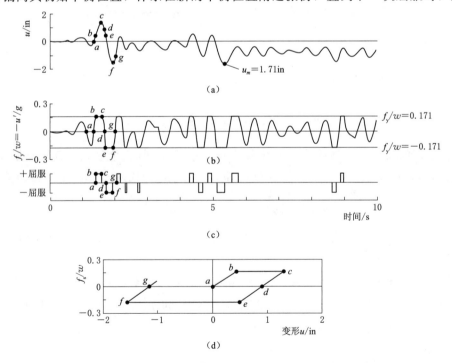

图 3.12　弹塑性 SDOF 体系对 EL Centro 地面运动的反应

位置改变。因此，在地面停止振动后，通常体系将最终停留在与初始平衡位置不同位置，产生残余变形。这样，经历了显著屈服的结构在运动结束时不可能垂直站立。相反，弹性体系在地面停止振动后，随着自由振动的衰减返回到其初始平衡位置上。在同一地震波激励下，弹塑性体系峰值变形不同于相应的弹性体系的峰值变形，并且两者的峰值不同时到达。

在 $\overline{f}_y$ 分别为 1.0、0.5、0.25 和 0.125 的 4 个弹塑性体系中， $\overline{f}_y = 1$ 意味着是一个弹性体系，它为其余 3 个弹塑性体系对应的弹性体系， $\overline{f}_y$ 减小表示 f_y 较小。图 3.13 给出了 4 个体系在 El Centro 地面运动激励下的位移反应。弹性体系（$\overline{f}_y = 1$）在平衡位置附近振荡，峰值位移 $u_0 = 2.25\text{in}$，相应的抗力峰值 $f_0 = 0.919w$，即对于一个 $T_n = 0.5\text{s}$、$\xi = 5\%$ 的体系在所选地面运动激励下保持弹性所需的最小强度。因此，f_y 分别为 $0.5f_0$、$0.25f_0$、$0.125f_0$ 的 3 个体系的变形进入非弹性阶段。由图 3.13 可以看出，具有较低屈服强度的体系屈服更多的次数，并且屈服时间长。随着屈服次数增多，地面停止震动后体系的永久变形 u_p 有增加趋势，但这种趋势并非永恒不变。对于选定的 T_n 和 ξ 值，这 3 个弹塑性体系的峰值变形 u_m 均小于对应的弹性体系峰值变形 u_0。然而并非总是如此，因为 u_m 和 u_0 的相对值取决于体系的固有自振周期 T_n 和地面运动特性，在较小程度上依赖于体系阻尼。

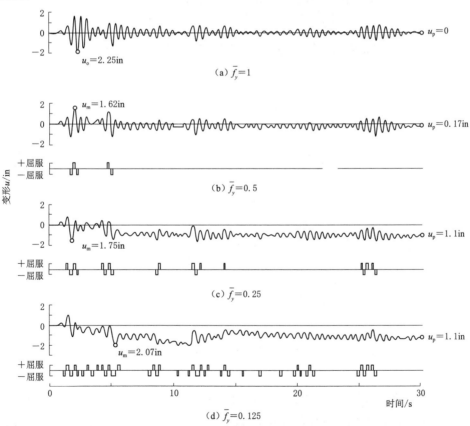

图 3.13　四个体系在 EL Centro 地面运动激励下的位移反应

2. 延性需求、峰值变形和标准强度

为了研究体系延性需求以及 u_m 和 u_0 之间关系如何依赖固有振动周期 T_n 及 $\overline{f}_y$（或 R_y），图 3.14 的（a）和（b）分别给出了 El Centro 地面运动激励下，$\overline{f}_y=1.0$、0.5、0.25 和 0.125 4 个 SDOF 体系的 u_m 和 u_m/u_0 同 T_n 关系曲线。在图 3.14（a）中，当 $\overline{f}_y=1$ 时，$u_m=u_0$，以二者与 u_{g0} 的比值给出（u_{g0} 为峰值地面位移，大小为 8.4in）。图 3.15 给出 4 个 SDOF 体系的延性系数 μ 与 T_n 的关系曲线。

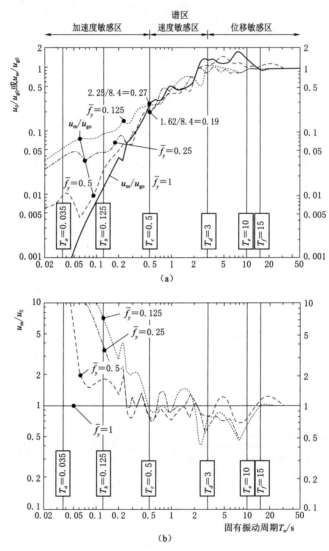

图 3.14 El Centro 地震动引起的四个弹塑性体系
峰值变形 u_m、u_0 及 u_m/u_0 同 T_n 的关系

由图 3.14 与图 3.15 可知，在谱的位移敏感区的长周期体系（$T_n>T_f$），弹塑性体系的 u_m 与 $\overline{f}_y$ 无关，基本上等于对应的弹性体系的 u_0，即 $u_m \approx u_0$。这是因为该类体系柔度大，当地面运动时，体系的质量保持静止，体系经历的峰值变形等于峰值地面位移，与

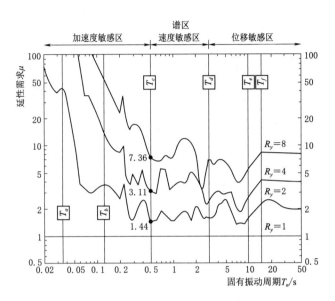

图 3.15 弹塑性体系对 El Centro 波地面运动的延性需求

$\overline{f}_y$ 无关。在谱的速度敏感区周期为 T_n 的体系，u_m 与 u_0 大小关系不能确定；$\overline{f}_y$ 的变化对 u_m 与 u_0 的影响是无规律的；另外，延性需求 μ 可能大于或者等于 R_y，$\overline{f}_y$ 对 μ 和 R_y 的影响虽然较小，但不能忽略。对于在谱的加速度敏感区的体系，u_m 大于 u_0，并且 u_m/u_0 随 $\overline{f}_y$ 的降低以及 T_n 的减小而增大，这说明周期非常短的体系的延性需求可能很大，即使它们的强度仅比体系保持弹性所需的强度略低一点。

3.2.3 给定延性的屈服强度

在实际设计中，希望确定体系的屈服强度 f_y（或屈服位移 u_y），以使得在地震作用下结构的延性需求限制在一个给定的范围内，利用弹塑性反应谱便可确定出相关信息。

弹塑性反应谱是针对以下 3 个变量绘制的：$D_y = u_y$、$V_y = \omega_n u_y$、$A_y = \omega_n^2 u_y$，其中 D_y 为弹塑性体系屈服位移 u_y，不是其峰值位移 u_m。对于固定的延性系数 μ，D_y 随 T_n 的变化曲线称为屈服位移反应谱。V_y 和 A_y 曲线分别成为伪速度反应谱和伪加速度反应谱。可以将 D_y、V_y、A_y 绘于一个四坐标对数图中。弹塑性体系的屈服强度为 $f_y = A_y w / g$，其中 w 为体系的重量。

图 3.16 中的实线给出了当 $\xi = 5\%$ 时，T_n 分别为 10s、3s、2s、1s、0.5s、0.25s 的 $\overline{f}_y - \mu$ 关系其曲线。图中标出了前面提到的对应 $T_n = 0.5$s 的 4 对 $\overline{f}_y - \mu$ 数值中的 3 对。为了寻找它们的趋势，对于每个 $\overline{f}_y$ 给出了两个延性系数，分别为 u_m^+/u_0 和 u_m^-/u_0，其中 u_m^+ 是正方向最大位移，u_m^- 是负方向最大位移的绝对值。图中的实线代表两个延性系数之中的较大者，用 μ 表示。

延性系数 μ 随标准强度 $\overline{f}_y$ 的减小并非总是单调增加，对于一个给定的 μ，可能不止一个 $\overline{f}_y$ 与之对应。如图 3.16 所示，$T_n = 2$s 时，对于 $\mu = 5$ 有两个 $\overline{f}_y$ 值与之对应，这种现象出现在 u_m^+/u_0 和 u_m^-/u_0 交叉的情况，通常对应着 μ 的一个局部最小值。允许不止一

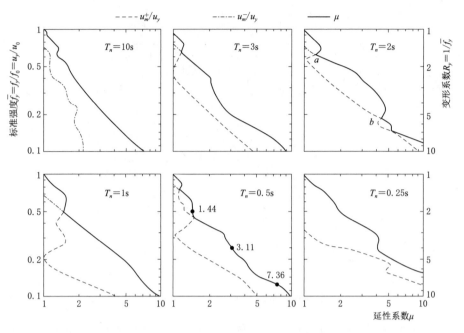

图 3.16　El Centro 波作用下标准强度（或折减系数）与延性系数之间的关系（$\xi=5\%$）

个 $\overline{f}_y$ 值与一个稍微大一些的 μ 相对应。对于每个 μ 值，应将最大的 $\overline{f}_y$（或最大屈服强度）用于设计。

3.2.4　弹塑性设计反应谱

弹塑性位移谱的建立有两种方法：一种方法是直接用数值积分求出不同周期结构的位移，从而得到位移谱。在相同参数的情况下，通过一系列真实的地震波的输入，得到一系列反应谱，取它们的平均值作为设计用的位移谱。由于输入的是一些真实的地震波记录，则用该方法求得的位移谱具有真实性，如果选取的地震波在数量上又足够多的话，则相应的位移谱也将会有一定的普遍适用性；并且阻尼比的大小可以任意的选取，从而可以得到不同阻尼比的设计位移谱。但是，这种方法需要足够数量的真实地震波的输入，工作量将非常巨大，所以这种方法非常不方便，不利于应用实际的结构抗震设计。另外一种方法为利用弹性反应谱与弹塑性反应谱之间的关系，利用弹性反应谱绘制处弹塑性反应谱。弹性反应谱与弹塑性反应谱的关系为

$$S_{a,ep}=\frac{S_{a,e}}{R_{\mu}} \tag{3.17}$$

$$S_{d,ep}=\mu S_{d,e}=\frac{\mu}{R_y}\frac{T^2}{4\pi^2}S_{a,e}=\mu\frac{T^2}{4\pi^2}S_{a,ep} \tag{3.18}$$

式中：$S_{a,ep}$ 为弹塑性加速度反应谱；$S_{a,e}$ 为弹性加速度反应谱；μ 为位移延性系数；R_y 为屈服强度折减系数；T 为结构自振周期。

1. R_{μ}、μ、T_n 关系

早在 20 世纪 60 年代，纽马克和霍尔提出确定非线性反应谱的原则、方法和数据。在

他们研究中最重要三点为：①对于短周期的 SDOF 系统，不同位移延性系数，反应加速度相等；②对于中长周期的 SDOF 系统，系统总的地震输入能量保持不变，即能量相等原则；③对于长周期的 SDOF 系统，最大响应位移与完全弹性的系统的最大响应位移在统计平均意义上相等即位移相等原则。以上三个原则提供了一种建立屈服强度折减系数与延性系数之间的对应关系：

$$R_\mu = \begin{cases} 1, & \text{短周期} \\ \sqrt{2\mu-1}, & \text{中长周期} \\ \mu, & \text{长周期} \end{cases} \tag{3.19}$$

Shimazaki 从能量观点出发也得到了类似规律并发现，结构的自振周期大于场地特征周期时，等位移原则可以适用。在此之后，新西兰学者 Berrill 等明确提出，在结构自振周期大于 0.7s 时，等位移原则可以适用；在结构自振周期低于 0.7s 时，Berrill 等建议采用一个线性近似关系来代替能量准则

$$R_\mu = \begin{cases} 1+(\mu-1)\dfrac{T}{0.7}, & 0 \leqslant T \leqslant 0.7 \\ \mu, & T > 0.7 \end{cases} \tag{3.20}$$

式中：T 为结构自振周期，当 $T=0$ 时，$R_\mu=1$。式（3.20）被新西兰规范采用。

2000 年，Chopra 和 Goel 等给出了如下关系式：

$$R_\mu = \sqrt{\frac{1+r(\mu-1)}{\mu}} \tag{3.21}$$

范立础考虑了地震特性、场地条件和屈服后刚度影响，给出关系式为

$$R_\mu = 1+(\mu-1)(1-e^{-AT})+\frac{\mu-1}{f(\mu)}Te^{-BT} \tag{3.22}$$

式（3.22）中的参数取值见表 3.1。

运用式（3.18）和 $R_\mu - \mu$ 的关系［即式（3.19）～式（3.22）］，可将弹性加速度反应谱转化为弹塑性位移反应谱。

表 3.1 式（3.22）中相关参数取值

场地类别	$f(\mu)$	A	B
Ⅰ类场地	$0.80+0.89\mu$	4.84	0.40
Ⅱ类场地	$0.76+0.09\mu-0.003\mu^2$	3.95	0.65
Ⅲ类场地	$0.41+0.06\mu-0.003\mu^2$	1.38	0.87

2. $\mu - \zeta$ 的关系

结构进入弹塑性阶段后，需要考虑结构延性的影响。而结构延性影响可以通过附加等效阻尼比或者采用不同延性系数的弹塑性设计位移谱来考虑。结构的等效阻尼比可以采用 Jacobsen 等提出的方法计算：

$$\zeta_{eq} = \zeta_v + \zeta_{hyst} \tag{3.23}$$

$$\zeta_{hyst} = \frac{2}{\pi}\frac{A_1}{A_2} \tag{3.24}$$

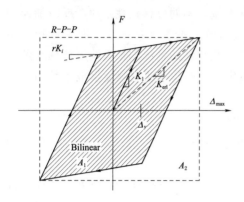

图 3.17　双线性模型滞回环等效黏滞阻尼

式中：ζ_v 为体系初始弹性阻尼；ζ_{hyst} 为体系滞回阻尼，包括结构塑性部位滞回阻尼和耗能装置滞回阻尼两部分；A_1 为滞回环的面积；A_2 为理想刚塑性滞回环的面积，如图 3.17 所示。

其中 A_1 可以根据实验或数值模拟得出的骨架曲线计算。

图 3.17 所示的双线形模型滞回环等效黏滞阻尼为

$$\zeta_{hyst} = \frac{2}{\pi} \frac{(\mu-1)(1-r)}{\mu(1+r\mu-r)} \tag{3.25}$$

式中：μ 为位移延性系数；r 为屈服后刚度和初始刚度比值。

3. 等效阻尼比对位移反应谱的影响

对于不同屈服后刚度的刚塑性 SDOF 可以采用等位移假定，直接计算出不同延性系数的弹塑性反应谱。但是，研究表明等位移假定与实际不十分相符，安全储备低。因此，一般常采用等效阻尼比的方法来考虑，对于不同阻尼比的弹性位移谱，采用阻尼修正系数的方法修正，并考虑延性的影响。对于修正系数的计算表达式各国学者存在分歧，目前主要采用的计算表达式主要有以下几种。

1987 年，Newmark 和 Hall 定义的表达式为

$$R_\zeta = 1.13 - 0.19\ln(100\zeta) \tag{3.26}$$

1998 版 EC8 中采用的表达式为

$$R_\zeta = \left(\frac{0.07}{0.02+\zeta}\right)^\alpha \tag{3.27}$$

式中：$\alpha = 0.5$，若考虑近场地震脉冲波，脉冲波向前时 $\alpha = 0.25$。

在 2003 年 EC8 修订时式（3.27）改为

$$R_\zeta = \left(\frac{0.10}{0.05+\zeta}\right)^{0.5} \tag{3.28}$$

虽然与加速度反应谱相似设计位移反应谱正处于发展阶段，但随着抗震学者深入研究，位移反应谱、阻尼修正系数、自振周期和延性等会不断完善。基于位移设计方法发展与位移反应谱发展是相互独立的，具有较强的灵活性，因而以上因素不会减缓基于性能抗震设计方法研究与应用。

3.3　刚塑性 SDOF 系统地震响应及反应谱

3.3.1　刚塑性 SDOF 系统地震响应

1. 刚塑性恢复力曲线

恢复力指结构或者构件去掉外力后恢复变形的能力，恢复力特性表示结构或者构件的

抗力与变形的关系，这种关系极其复杂很难用统一的方式来表示，在进行数值计算时，须将复杂关系简化为理想化模型。在进行地震分析时，对于刚塑性模型一般采用如图 3.18 所示的恢复力曲线，钢骨混凝土结构和钢结构采用如图 3.18（a）所示的恢复力曲线。钢筋混凝土结构采用如图 3.18（b）所示的恢复力曲线，图中 M_y 为塑性铰的屈服弯矩值，θ 为塑性铰转角。

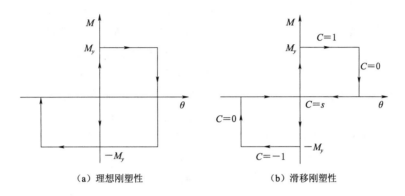

(a) 理想刚塑性   (b) 滑移刚塑性

图 3.18 刚塑性模型恢复力曲线

2. 运动方程

根据钢筋混凝土材料特性，选用图 3.18（b）所示的恢复力模型，如图 3.19 所示在地震作用下截面 A 出现塑性铰，利用达朗贝尔原理得运动方程：

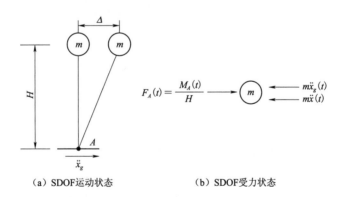

(a) SDOF 运动状态   (b) SDOF 受力状态

图 3.19 SDOF 地震时的运动及受力状态

塑性阶段：
$$\begin{cases} \ddot{x}(t) = -\dfrac{F_y}{m} - \ddot{x}_g(t) & F_A(t) = -F_y, \quad \dot{x}(t) > 0, x(t) > 0 \\[3mm] \ddot{x}(t) = \dfrac{F_y}{m} - \ddot{x}_g(t) & F_A(t) = F_y, \qquad \dot{x}(t) < 0, x(t) < 0 \end{cases}$$
(3.29a)

滑移阶段：
$$\ddot{x}(t) = -\ddot{x}_g(t) \quad F_A(t) = 0, \ \dot{x}(t) \cdot x(t) < 0$$
(3.29b)

刚性阶段：
$$\ddot{x}(t) = 0, \quad \dot{x}(t) = 0$$
(3.29c)

式中：F_y 为截面 A 的弯曲屈服时的剪力值；$\ddot{x}(t)$，$\dot{x}(t)$，$x(t)$ 分别为质点 m 相对地面的加速度、速度和位移。以上各量向右为正，反之为负。

3.3.2　刚塑性反应谱的研究

1. 刚塑性反应谱的提出

刚塑性反应谱首先由 Paglietti 和 Porcu 提出，Marubashi 等做了进一步的阐述：质量为 m、侧向屈服力为 F_y 的刚塑性 SDOF 系统，在地震作用下的反应只与 a_y（$a_y = F_y/m$ 为屈服加速度，即 SDOF 系统从静止开始塑性运动时的地面加速度）有关，具有相同 a_y 的刚塑性 SDOF 系统具有相同的地震响应。这样，以可能遭受的地震波记录大样本输入，采用时程分析方法，对运动方程进行求解，依次获取具有不同 a_y 刚塑性 SDOF 系统在不同地震波输入下的响应时程中的最大值，便得出具有统计意义的刚塑性反应谱。

由于刚塑性反应主要反映结构塑性阶段的响应，地面运动的持时 T_d 反映了地面强震运动持续时间的长短，T_d 不同的地震动所引起的结构耗能所产生的积累损伤程度不同，因此，本书将场地的特征周期 T_g 和地面运动持时 T_d 作为双控指标来选择地震波。

2. 刚塑性反应谱的计算

在进行数值计算时，本书对地震波进行了简化，认为在时间步长内地震的加速度不变，图 3.20 给出了简化后与原地震记录加速度与速度，实线代表实际地震波记录，虚线代表模拟地震波。

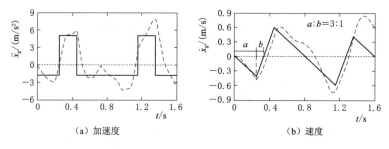

（a）加速度　　　　　　　　　（b）速度

图 3.20　地震波数值模拟

根据滑移刚塑性恢复力模型的特点，采用图 3.21 所示的数值计算流程。图中 $\ddot{x}$、$\dot{x}$、x 分别为质点 m 相对地面的加速度、速度、位移；$\ddot{x}_g(t)$ 为地面地震加速度；F 为恢复力，F_y 为塑性铰屈服时 m 处剪力，下标 i、$i-1$ 分别表示各变量 t_i、t_{i-1} 时刻对应的值；$\Delta(t)$ 表示 t_{i-1} 时刻到 t_i 时刻的时间间隔。R 表示 SDOF 系统为刚性状态；P 表示表示 SDOF 系统塑性状态；S 表示 SDOF 系统处于塑性铰反向恢复状态。

3. 刚塑性位移反应谱

由于位移能够很好地反映结构进入塑性阶段的性能，弹性变形只能进行能量的转化，而不能耗散地震的能量，因此对于刚塑性模型，位移也能反映出结构在地震时消耗能量时产生的积累损伤，因此本书以位移来反应结构的性能。由于刚塑性 SDOF 系统的运动方程在每个积分步长内只有参数 a_y 与运动状态有关，因此，a_y 作为刚塑性位移谱的另外一个参数来反应结构强震下的特性。

这样，输入所选择的地震加速度记录，运用图 3.21 中的数值计算方法，计算出每条地震加速度记录下不同 a_y 对应最大位移响应值 $R_{\max}$ 的曲线，然后作所有曲线的包络曲线

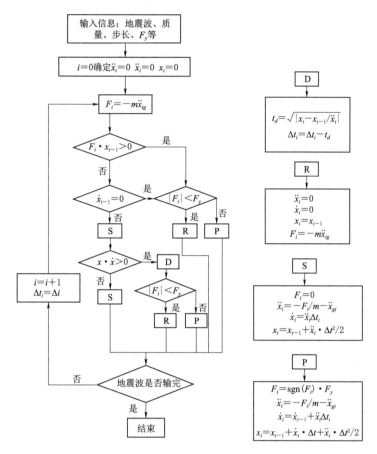

图 3.21 数值计算流程图

就得到刚塑性位移反应谱。由时程分析法可计算各条地震波记录的刚塑性反应谱，限于篇幅，在图 3.22 中仅给出部分结果。

图 3.22 中分别为用 EL 波、兰州波、TAFT 波等地震加速度记录为输入波，采用非线性数值积分得到的刚塑性反应谱，水平坐标轴最大值对应地震加速度峰值 PGA。当 a_y 大于或等于 PGA 时，SDOF 系统处于刚性静止状态；当 a_y 小于 PAG 时，系统处于于塑性运动状态。当 a_y 等于 0 时，系统相对于地面水平对称运动，这种情况对应于塑性铰滑移阶段。

4. 刚塑性反应谱的特点

刚塑性位移谱反映了结构的塑性位移进而反映了结构的塑性变形，因此，从结构的积累损伤角度来讲，刚塑性反应谱在一定程度上反映出结构在一次地震过程中的潜在积累损伤，同时，在地震过程中的每一时刻，地震输入的能量转化为结构的弹性势能、塑性变形能与阻尼耗能，但是由于弹性势能只能与动能之间相互转化而不能耗散，在强烈地震作用下，结构的弹性势能及阻尼耗能相对塑性变形的耗能较小，可以忽略，因此，刚塑性位移反应谱反映了结构在地震过程中的塑性耗散地震能量的性能。结构进入非线性塑性阶段，位移比强度更能够准确反映出结构的性能，刚塑性反应谱以最大位移来反映结构的性能，

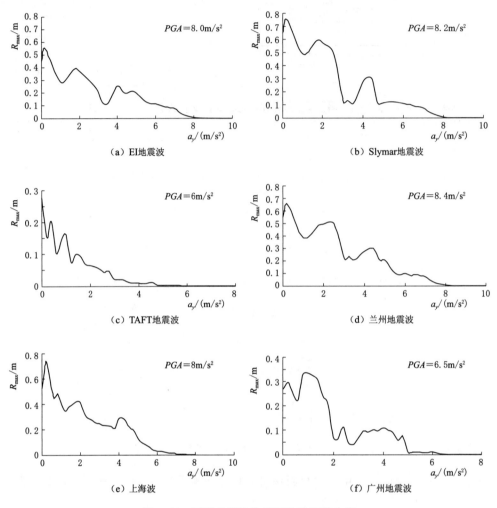

图 3.22　不同地震波作用下的反应谱曲线

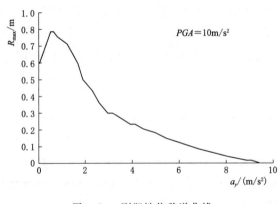

图 3.23　刚塑性位移谱曲线

体现了基于性能抗震设计的理念，从位移和能量两个角度反映了结构的抗震性能。

图 3.23 为图 3.22 中反应谱曲线的包络曲线，并按照上述方法把 PAG 调整到 1g（g 为重力加速度）这样可以方便把反应谱 PGA 调整到规范规定设防烈度的 PGA，本书把图 3.23 中的反应谱称为通用反应谱（General Rigid Plastic Spectrum，GRPS）。

综上所述，刚塑性位移谱能够反应强震下结构的性能，涉及的参数少，概念明确，调整方便，能够满足设计的需要。

第**4**章　基于性能的抗震设计方法

随着基于性能抗震设计理论的提出，大量研究者开始了基于性能抗震设计方法的研究并提出一些设计方法，本章主要介绍基于位移抗震设计方法、基于能量抗震设计方法等。

4.1　基于位移的抗震设计方法

基于位移的抗震设计法（Displacement Based Seismic Design，DBSD）是一种偏重于结构性能设计的方法，概念简单，可以根据在一定强度地震作用下预期的位移计算地震作用，进行结构设计，主要有基于弹性位移谱、基于弹塑性位移谱和基于刚塑性位移谱等设计方法。

如图 4.1 所示，将多自由度体系（框架结构等实际结构）等效为 SDOF 体系，利用双

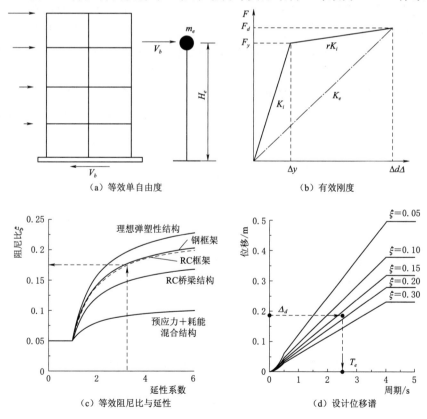

（a）等效单自由度　　　　　　　　　　（b）有效刚度

（c）等效阻尼比与延性　　　　　　　　（d）设计位移谱

图 4.1　基于位移设计法原理

线性力-位移关系来描述地震响应。SDOF 体系初始弹性刚度为 k_i，屈服后刚度为 rk_i，屈服位移和屈服强度分别为 Δ_y、F_y，结构的最大位移为 Δ_d，结构的延性系数为 $\mu = u_m / u_y$，如图 4.1（b）所示的双线型 SDOF 系统，采用结构最大位移 Δ_d 对应的割线刚度 k_e 来描述力与位移关系，等效黏滞阻尼 ξ 反映了结构弹性阻尼和滞回阻尼在结构非线性响应中吸收的能量。这样，如图 4.1（c）所示，对于给定的位移延性系数，便可以得到各种结构的等效阻尼。根据结构最大设计位移需求，延性需求所对应的阻尼，便可从弹性反应谱中得到有效周期 T_e [图 4.1（d）]。等效 SDOF 系统的有效刚度为

$$k_e = 4\pi^2 m_e / T_e^2 \tag{4.1}$$

式中：m_e 为等效质量。

由图 4.1（b）可知，侧向力即底部剪力设计值为

$$F = V_b = K_e \Delta_d \tag{4.2}$$

4.1.1　SDOF 结构

1. 设计位移

结构的设计位移主要由结构整体抗震性能及结构构件和非结构构件的特殊性能确定。确定结构性能水准后，可通过控制材料应变来实现。结构构件损伤与结构构件的应变相关而非结构构件损伤通过位移反应。

利用应变极限计算设计位移相对简单，对于以第一振型动力在结构总动力响应中其控制作用的规则桥梁，在横向地震作用下可简化为如图 4.2（a）所示悬臂结构，等效为 SDOF 系统。钢筋混凝土桥墩一般采用矩形截面或者圆形截面，图 4.2（b）给出了最大位移响应时两种截面的极限应变。混凝土的最大压应变为 ε_c，纵向钢筋的最大拉应变为 ε_s，混凝土的极限压应变和钢筋的极限拉应变分别为 $\varepsilon_{c,ls}$ 和 $\varepsilon_{s,ls}$，截面中性轴距受压边缘的距离 c 由纵筋配筋率和轴向荷载决定，因而一般情况下在同一截面 $\varepsilon_{c,ls}$ 和 $\varepsilon_{s,ls}$ 不会同时达到。

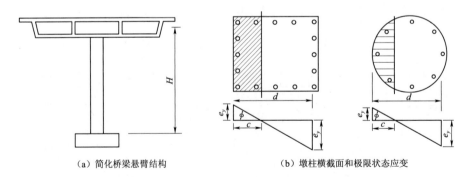

(a) 简化桥梁悬臂结构　　　　　　　　(b) 墩柱横截面和极限状态应变

图 4.2　简化桥梁墩柱横截面及其极限应变

基于混凝土受压极限和钢筋受拉极限有两种极限曲率，分别为

$$\phi_{c,ls} = \varepsilon_{c,ls} / c \tag{4.3a}$$

$$\phi_{s,ls} = \varepsilon_{s,ls} / (d - c) \tag{4.3b}$$

式中：d 为截面的高度，如图 4.2（b）所示；$\phi_{c,ls}$、$\phi_{s,ls}$ 分别为根据混凝土受压极限应变

和钢筋受拉极限应变得到的极限曲率。

结构的位移设计值为

$$\Delta_{d,ls}=\Delta_y+\Delta_p=\phi_y(H+L_{sp})^2/3+(\phi_{ls}-\phi_y)/L_PH \qquad (4.4)$$

式中：ϕ_{ls} 为 $\phi_{c,ls}$、$\phi_{s,ls}$ 二者中较小者；Δ_y 为屈服位移；H 为柱子高度如图 4.2（a）所示。L_{sp} 为应变穿透长度，$L_{sp}=0.002f_yd_{bl}$，其中，f_y 为纵向钢筋的屈服强度，单位为 Mpa，d_{bl} 为纵向钢筋直径；L_P 为塑性铰的长度。

当非结构构件对结构的位移做出要求时：

$$\Delta_{d\theta}=\theta_cH \qquad (4.5)$$

式中：θ_c 为规范的位移角限值；H 为柱子高度，如图 4.2（a）所示。

按式（4.4）和式（4.5）计算的较小值作为设计位移。

2. 屈服位移

对于 SDOF 结构，运用式（4.4）计算极限位移时，需要屈服位移和屈服曲率；计算等效黏滞阻尼时需用到位移延性系数 $\mu_\Delta=\Delta_d/\Delta_y$，屈服位移须已知，因而要确定屈服位移或屈服曲率。

研究表明，混凝土和砌体构件的屈服曲率与配筋率和轴向荷载大小关系不大，与钢筋的屈服应变和构件截面高度有关。常见几种截面的屈服曲率为

圆形截面混凝土柱：$\qquad \phi_y=2.25\varepsilon_y/D \qquad (4.6a)$

矩形截面混凝土柱：$\qquad \phi_y=2.10\varepsilon_y/h_c \qquad (4.6b)$

矩形截面混凝土墙：$\qquad \phi_y=2.00\varepsilon_y/l_w \qquad (4.6c)$

对称截面钢构件：$\qquad \phi_y=2.10\varepsilon_y/h_s \qquad (4.6d)$

工型截面混凝土梁：$\qquad \varphi_y=1.70\varepsilon_y/h_b \qquad (4.6e)$

式中：ε_y 为受弯钢筋的屈服应变，$\varepsilon_y=f_y/E_s$；E_s 为受弯钢筋的弹性模量；D 为圆形截面直径；h_c 为受弯平面内矩形截面混凝土柱截面高度；l_w 为矩形截面混凝土墙的长度；h_s 为受弯平面内钢构件的截面高度；h_b 为受弯平面内厂形截面混凝土梁截面高度。

诸如桥墩、低层悬臂剪力墙等单自由度结构的屈服位移为

$$\Delta_y=\phi_y(H+L_{SP})^2/3 \qquad (4.7)$$

钢筋混凝土框架和钢框架的屈服位移角为

钢筋混凝土框架：$\qquad \theta_y=0.5\varepsilon_yL_b/h_b \qquad (4.8a)$

钢框架：$\qquad \theta_y=0.65\varepsilon_yL_b/h_b \qquad (4.8b)$

式中：L_b 为框架梁的跨度；h_b 为框架梁的截面高度。

3. 等效黏滞阻尼

等效黏滞阻尼为弹性阻尼和滞回阻尼的和，可表示为

$$\xi_{eq}=\xi_{el}+\xi_{hyst} \qquad (4.9)$$

式中：ξ_{hyst} 为结构滞回阻尼，根据结构的滞回规律由式（3.24）确定；ξ_{el} 为结构弹性阻尼比，一般情况下，对于混凝土结构 $\xi_{el}=0.05$，对钢结构 $\xi_{el}=0.02$。

对于结构的滞回阻尼 ξ_{hyst} 也可按照以下方法计算，当 $T_e<1.0s$ 时，可不考虑有效周期 T_e 对 ξ_{hyst} 的影响：

$$\xi_{hyst}=C\left(\frac{\mu-1}{\mu\pi}\right) \qquad (4.10)$$

式中：C 为系数，主要由滞回曲线决定，可参照表 4.1 取值。

表 4.1 式（4.10）中 C 的取值

表述类型	RC 剪力墙、桥墩	RC 框架	钢框架	滑动摩擦装置	BI 模型（$r=0.2$）
C	0.444	0.565	0.577	0.670	0.519

考虑有效周期 T_e 对 ξ_{hyst} 的影响时

$$\xi_{hyst} = a\left(1 - \frac{1}{\mu^b}\right)\left[1 + \frac{1}{(T_e + c)^d}\right] \tag{4.11}$$

式中：a、b、c、d 分别为系数可按照表 4.2 确定。

表 4.2 式（4.11）中相关系数取值

滞回模型	a	b	c	d
EPP	0.224	0.336	−0.002	0.250
Bilinear	0.262	0.655	0.813	4.890
Takeda Thin	0.215	0.642	0.824	6.444
Takeda Fat	0.305	0.492	0.790	4.463
Flg（$\beta=0.35$）	0.251	0.148	3.015	0.511
Ramberg – Osgood	0.289	0.622	0.856	6.460

结构进入弹塑性阶段后，随着刚度的变化，结构弹性阻尼发生变化，经过弹塑性动力分析结果表明需要对式（4.9）进行修正

$$\xi_{eq} = k\xi_{el} + R\xi_{hyst} \tag{4.12}$$

式中：k 为弹性阻尼修正系数，$k = \mu^\lambda$；μ 为位移延性系数；λ 为系数，主要由滞回模型和弹性阻尼计算方法确定，见表 4.3；R 为修正系数，可从图 4.3 中查出。

表 4.3 割线刚度修正系数 λ 取值

滞回模型	初始刚度	切线刚度	滞回模型	初始刚度	切线刚度
EPP	0.127	−0.341	Takeda Fat	0.312	−0.313
Bilinear	0.193	−0.808	Flag，（$\beta=0.35$）	0.387	−0.430
Takeda Thin	0.340	0.378	Ramberg – Osgood	−0.060	0.617

4. 底部剪力的计算

确定了设计位移和阻尼后，由位移反应谱图 4.1（d）可以得出

$$T_e = T_c \frac{\Delta_d}{\Delta_{c5} R_\zeta} = \frac{\Delta_d}{\Delta_{c\zeta}} \tag{4.13}$$

式中：R_ζ 为阻尼比折减系数，按式（3.27）计算；Δ_{c5}、$\Delta_{c\zeta}$ 分别为阻尼比为 0.5% 及 ζ 位移反应谱中 T_c 对应的位移。

有效周期 T_e 确定后，有效刚度为

$$k_e = \frac{4\pi^2 m_e}{T_c^2} \frac{\Delta_{c,5}^2}{\Delta_d^2}\left(\frac{0.02 + \xi}{0.07}\right)^{2\alpha} \tag{4.14}$$

底部剪力为

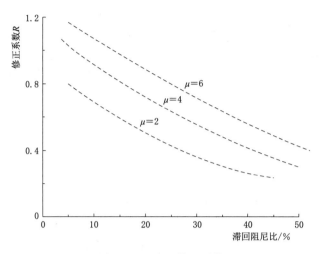

图 4.3 阻尼比修正系数

$$V_b = k_e \Delta_d = \frac{4\pi^2 m_e \Delta_{c,5}^2}{T_c^2 \Delta_d} \left(\frac{0.02+\xi}{0.07}\right)^{2a} \tag{4.15}$$

式中：α 的意义同式（3.27）。

5. 设计位移超过反应谱范围

当结构高度较大，刚度较小，由式（4.4）或式（4.5）计算得到的设计位移超过由式（4.6）得到阻尼对应的最大谱位移需求，可以按以下两种情况处理。

当屈服位移大于阻尼比为 5% 反应谱中 T_c 对应的位移 $\Delta_{c,5}$，结构弹性响应周期大于 T_c，此时，结构响应位移取为 $\Delta_{c,5}$，结构的底部剪力为

$$V_b = k_{el} \Delta_{c,5} \tag{4.16}$$

式中：k_{el} 为弹性刚度。

当屈服位移小于 $\Delta_{c,5}$，说明结构弹性周期小于 T_c，由于结构软化最终的有效周期大于 T_c，位移反应与反应谱中某一阻尼的位移相等，此时需要进行迭代。

（1）计算位移需求 Δ_{dc}，以及对应的阻尼 ξ_c，核对是否与反应谱一致。

（2）估算结构最终的位移响应 Δ_{df}，一般位于 Δ_{c,ξ_c} 与 Δ_{dc} 之间。

（3）计算 Δ_{df} 对应的位移延性系数，$\mu = \Delta_{df}/\Delta_y$。

（4）计算 μ 所对应的 ξ。

（5）根据 T_c 及阻尼 ξ 计算 Δ。

（6）运用 Δ 重新估算 Δ_{df}。

（7）循环迭代（3）至（6）直到误差符合要求，一般只需循环 2 至 3 次便可以得到 Δ_{df}，可运用式（4.17）计算底部剪力为

$$V_b = 4\pi^2 m_e \Delta_{df}/T_c^2 \tag{4.17}$$

6. 单自由度结构算例

（1）概况。如图 4.4（a）所示，某高速公路混凝土多跨高架桥上部结构的总重为 190kN/m，高度相同单柱桥墩，高度 $h = 9$m，桥墩的直径为 1.5m，每跨的长度为 39.6m，场地的地震加速度峰值为 0.5g。

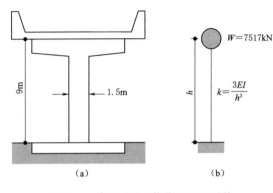

图 4.4 单柱桥墩及简化 SDOF 系统

在横向地震作用下，每跨的计算简化为如图 4.4（b），侧向刚度 $k=3EI/h^3$，其中 E 为混凝土的弹性模量，I 为混凝土柱横截面有效惯性矩 h 为柱子高度；对于受水平荷载的混凝土圆柱 $EI=E_cI_g(0.2+2\rho_t\gamma^2E_s/E_c)$，其中，$I_g$ 为总截面的惯性矩，E_c、E_s 分别为混凝土和钢筋的弹性模量，ρ_t 为钢筋混凝土柱纵筋配筋率，γ 为柱截面中心到最外侧纵筋中心距离与柱子边缘的距离比值。混凝土的强度为 27.6MPa，钢筋屈服强度 $f_y=470$MPa，$\gamma=0.9$，结构自振周期为 1.82s，位于设计反应谱速度敏感区域。

（2）设计步骤。

1）确定设计位移。

由式（4.6）可得，$\phi_y=\dfrac{2.25\times470/200000}{1.5}=0.00353$（$\mathrm{m}^{-1}$）。

由式（4.7）可得，$\Delta_y=0.00353\times9^2/3=0.095$（m）。

根据延性系限值为 $\mu=4$，位移角限值为 $\theta_d=0.035$，则设计位移为以下两式计算较小值，$\Delta_d=4\times0.095=0.380$m，$\Delta_d=0.035\times9=0.315$，因此，$\Delta_d=0.315$。

因此，设计位移角为控制指标，$\mu=0.315/0.095=3.32$。

2）计算等效阻尼比。

取 $\mu=3.32$，利用式（3.23）和式（4.10）得 $\zeta_e=0.05+0.444\times(3.32-1)/3.32\pi=0.149$。

3）确定 $\zeta=0.5\%$ 的最大反应谱位移。

由图 4.1（d）可知，$T_c=4.0$s，将 $PGA=0.4g$ 调整到 $PGA=0.5g$，$\Delta_{c,5}=0.5\times0.5/0.4=0.625$m。

4）计算地震作用下的基底剪力。

由式（4.14）可知，$T_e=4\times\dfrac{0.315}{0.625}\times\left(\dfrac{0.02+0.149}{0.07}\right)^{0.5}=3.13$(s)。

由式（4.1）可得，$k_e=4\pi^2m_e/T_e^2=4\pi^27517/(9.8\times3.13^2)=3090.93$（kN/m）。

由式（4.2）可得桥墩的底部剪力，$V_b=K_e\Delta_d=3090.93\times0.315=973.64$(kN)。

5）根据相关规范对圆形桥墩按照压弯构件进行桥墩设计。

4.1.2 多自由度体系

对于多自由度体系的设计，首先要将其等效为 SDOF 系统并确定等效 SDOF 系统的特征参数，诸如：等效质量 m_e、设计位移 Δ_d 以及等效阻尼比 ξ_e 等。计算出等效 SDOF 系统的底部剪力，将底部剪力作为惯性力分配给实际结构的各楼层（质量），最后根据各楼层剪力进行构件设计。

1. 设计位移

等效 SDOF 系统的设计位移，主要决定于实际结构关键构件的极限状态位移和变形和结构位移形态假定。由于结构在非弹性阶段和弹性阶段第一模态相似。因此，通常情况下，假定结构的位移形态与结构第一模态一致，则

$$\Delta_d = \frac{\sum_{i=1}^{n}(m_i\Delta_i^2)}{\sum_{i=1}^{n}(m_i\Delta_i)} \tag{4.18}$$

式中：m_i 为第 i 自由的质量；Δ_i 为第 i 自由度的位移。

对于多层房屋结构，质量主要集中在结构楼层。对于桥梁结构质量主要集中在每个桥墩上部结构的质心，当桥梁跨越较深山谷时，桥墩较高，将桥墩及上部质量看作多个自由度计算精确度高。

对于框架结构，位移由较低楼层的位移控制，对于桥梁结构，主要由最低桥墩底部的塑性铰控制。确定了关键构件的极限位移和结构位移模态后，各自由度的位移为

$$\Delta_i = \delta_i\left(\frac{\Delta_c}{\delta_c}\right) \tag{4.19}$$

式中：Δ_i 为第 i 质点的设计位移值；Δ_c 为控制质点的设计位移值；δ_c 为控制质点的模态位移值；δ_i 为第 i 质点模态位移值。

2. 位移模态

（1）框架结构。

当框架层数 $n \leqslant 4$ 时：

$$\delta_i = H_i/H_n \tag{4.20}$$

当框架层数 $n > 4$ 时：

$$\delta_i = \frac{4}{3}\left(\frac{H_i}{H_n}\right)\left(1 - \frac{H_i}{4H_n}\right) \tag{4.21}$$

式中：H_i 为第 i 层框架的高度；H_n 为框架结构的总高；

（2）悬臂剪力墙结构。

对于剪力墙结构，最大位移出现在结构顶层，位移限值可以根据相关规范规定或由其底部塑性铰转动能力确定。假定屈服时剪刀墙曲率沿高度倒三角形分布，位移与第一模态相似。这样剪刀墙顶部屈服位移为

$$\theta_{yn} = \phi_y H_n/2 \tag{4.22}$$

式中：H_n 为悬臂剪力墙的高度；ϕ_y 为悬臂剪力墙的屈服曲率。

$$\phi_y = 2\varepsilon_y/h_w \tag{4.23}$$

式中：ε_y 为剪力墙抗弯钢筋的屈服应变；h_w 为剪力墙截面高度。

将式（4.23）代入式（4.22）可得

$$\theta_{yn} = \varepsilon_y H_n/h_w \tag{4.24}$$

由于悬臂剪力墙的塑性铰出现在底部，因此墙顶的极限位移

$$\theta_{dn} = \theta_{yn} + \theta_{pn} = 1.0\varepsilon_y H_n/h_w + (\phi_m - 2.0\varepsilon_y/h_w)l_p \leqslant \theta_c \tag{4.25}$$

式中：θ_{pn} 为对应设计状态下，剪力墙顶部塑性转角；ϕ_m 为剪力墙底部对应的曲率；l_p 为

剪力墙塑性铰的长度。

剪力墙在 H_i 高度处的位移为

$$\Delta_{yi} = \frac{\varepsilon_y}{h_w} H_i^2 \left(1 - \frac{H_i}{3H_n}\right) \tag{4.26}$$

由式（4.25）计算的顶部位移小于规范要求的位移角限值 θ_c，设计位移模式为

$$\Delta_i = \Delta_{yi} + \Delta_{pi} = \frac{\varepsilon_y}{h_w} H_i^2 \left(1 - \frac{H_i}{3H_n}\right) + \left(\phi_m - \frac{\varepsilon_y H_n}{h_w}\right) H_i \tag{4.27}$$

反之，规范规定位移限值决定顶部位移，则设计位移模式为

$$\Delta_i = \Delta_{yi} + (\theta_c - \theta_{yn}) H_i = \frac{\varepsilon_y}{h_w} H_i^2 \left(1 - \frac{H_i}{3H_n}\right) + \left(\theta_c - \frac{\varepsilon_y H_n}{h_w}\right) H_i \tag{4.28}$$

虽然由式（4.27）、式（4.28）可以得到与式（4.19）一致的位移模式 δ_i，但是，这样做意义不大，因为一开始就需要确定位移模式。

考虑到结构的高阶模态效应，设计时需对位移进行修正，修正系数为

$$\omega_\theta = 1.15 - 0.0034 H_n \tag{4.29}$$

式中：H_n 为结构高度，单位为 m。

3. 等效质量

主要考虑各质点的质量在一阶振型参与，因而等效质量为

$$m_e = \sum_{i=1}^{n} (m_i \Delta_i) / \Delta_d \tag{4.30}$$

式中：Δ_d 为设计位移，可由式（4.18）计算。

一般情况下，对于多层剪力墙等效质量 m_e 为结构总质量的 70%，对于框架结构为总质量的 85%，对于桥梁结构为总质量的 90%。

4. 等效黏滞阻尼

（1）上部结构等效阻尼。等效黏滞阻尼主要取决于结构体系和位移延性需求。因此，首先确定等效 SDOF 系统的延性需求，Δ_d 可以式（4.18）计算，Δ_y 由结构屈服位移模态曲线插值得到，对于悬臂剪力墙可由式（4.26）计算，对于框架结构可由式（4.8）计算。对于框架结构，假定屈服转角沿结构高度不变

$$\Delta_y = \theta_y H_e \tag{4.31}$$

式中：H_e 为等效 SDOF 系统的高度。

$$H_e = \sum_{i=1}^{n} (m_i \Delta_i h_i) / \sum_{i=1}^{n} (m_i \Delta_i) \tag{4.32}$$

若利用式（4.8）和式（4.26）计算 Δ_y 时，需用 H_e 代替式中的 H_i。

这样，便可得到位移延性系数

$$\mu = \Delta_d / \Delta_y \tag{4.33}$$

框架结构的各层屈服位移角，主要与几何尺寸相关，同结构构件的强度关系不大，屈服位移角为

RC 框架：
$$\theta_y = 0.5 \varepsilon_y \cdot \frac{L_b}{h_b} \tag{4.34a}$$

钢框架：
$$\theta_y = 0.65\varepsilon_y \cdot \frac{L_b}{h_b} \tag{4.34b}$$

式中：L_b、h_b 为梁的跨度和截面高度；ε_y 为混凝土梁中钢筋和钢梁钢材的屈服强度。

钢筋混凝土和砌体柔韧性常被设计者低估。因此，位移比延性更能反映结构性能，更适于作为性能控制指标，因此等效黏滞阻尼在设计初期便可确定而不必迭代计算。

剪力墙结构的侧向抗力由该方向的不同长度墙肢提供，墙体的屈服位移与墙体的长度成反比，由于楼板的作用，各肢墙体的最大位移相同，这样，各肢墙的位移延性不同，等效黏滞阻尼不同。一般情况下，结构总阻尼比

$$\xi_e = \sum_{j=1}^{m} (V_j \Delta_j \xi_j) / \sum_{j=1}^{m} V_j \Delta_j \tag{4.35}$$

式中：V_j 为设计位移对应的设计强度，对于框架结构 $V_j = M_j$；Δ_j 为地震作用合力高度处的位移，对于框架结构 $\Delta_j = \theta_j$；ξ_j 为第 j 个构件的阻尼比。

对于同一片面内的多肢墙，在不考虑结构扭转效应情况下，墙的各肢位移相同，式（4.35）简化为

$$\xi_e = \sum_{j=1}^{m} (V_j \xi_j) / \sum_{j=1}^{m} V_j \tag{4.36}$$

由于底部剪力按照墙体长度平方比例分配，导致各肢墙体的配筋率相同，墙体的强度与墙体长度平方成正比，式（4.36）可表示

$$\xi_e = \sum_{j=1}^{m} (l_{wj}^2 \xi_j) / \sum_{j=1}^{m} l_{wj}^2 \tag{4.37}$$

式中：l_{wj} 为第 j 肢剪力墙的长度；ε_j 为第 j 肢剪力墙的阻尼比。

（2）基础柔性对等效阻尼影响。基础柔性的增大延长了结构的弹性周期，降低极限状态应变（或位移）的延性需求。极限状态应变控制设计时，地基的柔性产生的弹性变形导致设计位移增加。但设计位移由规范限值决定不变，因此降低了结构的实际许可位移。

另外，影响还与等效阻尼有关。如图 4.5 所示，结构和地基都产生阻尼共同耗散地震能量，在力与位移的滞回曲线中，最大位移 $\Delta_d = \Delta_f + \Delta_s$，即最大位移 Δ_d 由地基位移 Δ_f 与结构位移 Δ_s 两部分组成，地基和结构的等效黏滞阻尼分别为

$$\xi_f = \frac{A_f}{2\pi V_b \Delta_f} \tag{4.38}$$

$$\xi_s = \frac{A_s}{2\pi V_b \Delta_s} \tag{4.39}$$

式中：A_f 为地基滞回曲线围成的面积；A_s 为结构滞回曲线围成的面积。

结构和地基形成的体系总等效黏滞阻尼为

$$\xi_e = \frac{A_f + A_s}{2\pi V_b (\Delta_f + \Delta_s)} = \frac{\xi_f \Delta_f + \xi_s \Delta_s}{\Delta_f + \Delta_s} \tag{4.40}$$

（3）底部剪力分配。由式（4.15）计算出底部剪力后，假定底部剪力按照离散化质量和其位移的乘积比例分配：

$$F_i = V_b (m_i \Delta_i) / \sum_{j=1}^{n} (m_j \Delta_j) \tag{4.41}$$

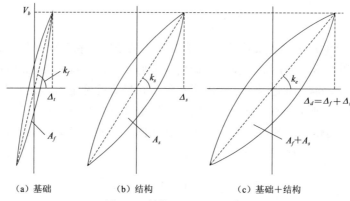

（a）基础   （b）结构   （c）基础＋结构

图 4.5 结构和基础阻尼效应

式中：F_i 为第 i 离散质量处的地震作用设计值；V_b 为底部剪力，可以采用式（4.15）计算。

结构进入弹塑性阶段后，位移与高度不成正比，对于较高的框架结构需要对式（4.41）计算结果修正：

$$F_i = F_t + 0.9 V_b (m_i \Delta_i) / \sum_{j=1}^{n} (m_j \Delta_j) \tag{4.42}$$

4.1.3 不等跨框架的屈服位移

基于位移设计时，确定结构延性和等效阻尼时需计算屈服位移。如图 4.6 所示的不等跨框架，中间跨度较边跨度小，由式（4.34）可知中间跨的位移角较边跨大，图 4.6（b）给出了各跨倾覆力矩与位移的关系曲线。边跨与中间跨的屈服位移角 θ_{y1} 和 θ_{y2} 为

$$\theta_{y1} = 0.5 \varepsilon_y \frac{L_{b1}}{h_{b1}}; \theta_{y2} = 0.5 \varepsilon_y \frac{L_{b2}}{h_{b2}} \tag{4.43}$$

式中：h_{b1}、h_{b2} 分别为边跨梁和中间跨梁截面的高度。

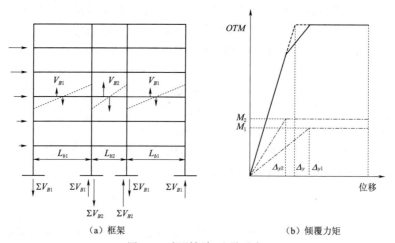

（a）框架   （b）倾覆力矩

图 4.6 规则框架地震反应

假定各跨梁的截面高度相同，屈服位移角与梁的跨度成正比，边跨和中跨的弯矩分别记为 M_1、M_2，则总的倾覆力矩和屈服位移为

$$M_{OTM} = 2M_1 + M_2 \tag{4.44}$$

$$\Delta_y = \frac{2M_1\theta_{y1} + M_2\theta_{y2}}{2M_1 + M_2}H_e \tag{4.45}$$

由式（4.44）得到不同跨倾覆力矩的比值后，便可确定屈服位移，从而得到延性系数和等效阻尼比。当不同跨度的梁抗弯承载力相同时，正、负弯矩分别记为 M_{+ve}、M_{-ve}，地震作用下框架形成运动机构后，第三层梁弯矩如图 4.6（a）所示，梁的剪力与梁的跨度成反比

$$V_{B1} = \frac{M_{+ve} + M_{-ve}}{L_{b1}};V_{B2} = \frac{M_{+ve} + M_{-ve}}{L_{b2}} \tag{4.46}$$

柱子轴力为相邻两跨梁剪力的代数和，即 $\sum V_{B1} + \sum V_{B2}$ ［图 4.6（a）］。忽略柱脚弯矩，边跨和中跨框架的抗倾覆力矩分别为

$$M_1 \approx \sum_{i=1}^{n} V_{B1,i}L_{b1} \tag{4.47a}$$

$$M_2 \approx \sum_{i=1}^{n} V_{B2,i}L_{b2} \tag{4.47b}$$

在设计时可以根据实际情况，确定边跨和中跨的梁端弯矩比值，计算结构有效位移。跨度越大，计算弹性计算地震弯矩越小，但重力弯矩越大。一般情况下可假定各跨的抗弯矩承载相等。在高地震烈度地区，当地震荷载远大于重力荷载时，需要相对根据相对刚度的刚度 ［图 4.6（b）］增大梁端弯矩。

4.1.4 水平荷载作用下框架内力分析

在基于位移的抗震设计时，有两种方法可以进行水平荷载作用下的内力分析，按照构件相对刚度分配的传统方法和完全基于力平衡的方法。基于构件相对刚度内力分析结构，在最后进行设计合理化时需要修正。比如在给定楼层梁配筋时采用的是负弯矩的平均值而不是截面的精确弯矩需求值，以便梁的钢筋布置相统一。考虑到结构分析时不可避免的近似性，在此主要介绍完全基于力平衡方法。

1. 梁的弯矩

如图 4.7 所示，在水平地震作用下，根据结构底部静力平衡，结构底部总的倾覆力矩为

$$OTM = \sum_{i=1}^{n} F_i H_i \tag{4.48}$$

式中：n 为结构的层数；F_i、H_i 分别为第 i 层的地震作用和高度。

柱子的轴力由梁剪力产生。地震作用下，若同一楼层所有梁端弯矩承载力相等，则内部柱子由于左右两侧梁的剪力相互抵消，而不受地震产生的轴力。因此，外力产生的 OTM 必须和内力产生的弯矩平衡

$$OTM = \sum_{j=1}^{m} M_{Cj} + TL_{base} \tag{4.49}$$

式中：m 为一品框架柱子的列数；M_{Cj} 为第 j 列柱子底部弯矩；T、C 为柱子的轴向拉力和压力，图 4.7 中 $T=C$；L_{base} 为 T 和 C 之间的距离；T 为所计算楼层以上柱子轴向拉力 V_{Bi} 的和，即

$$T = \sum_{i=1}^{n} V_{Bi} \tag{4.50}$$

运用式（4.48）～式（4.50）可以计算得到一跨梁的剪力总和

$$T = \sum_{i=1}^{n} V_{Bi} = \left(\sum_{i=1}^{n} F_i H_i - \sum_{j=1}^{m} M_{Cj} \right) / L_{base} \tag{4.51}$$

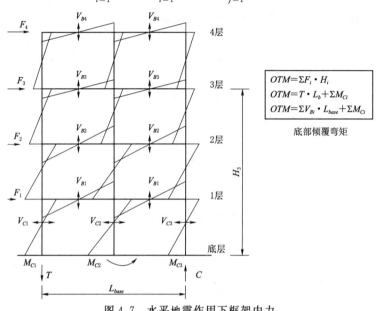

$$\begin{aligned} OTM &= \Sigma F_i \cdot H_i \\ OTM &= T \cdot L_b + \Sigma M_{Ci} \\ OTM &= \Sigma V_{Bi} \cdot L_{base} + \Sigma M_{Ci} \end{aligned}$$

底部倾覆弯矩

图 4.7　水平地震作用下框架内力

确定柱底部弯矩承载力后，选择适当方式进行梁的剪力分配。梁的剪力分配若满足式（4.51），则设计的内力静力许，侧向荷载引起梁在柱子中线产生的弯矩为

$$M_{Bi,l} + M_{Bi,r} = V_{Bi} L_{Bi} \tag{4.52}$$

式中：L_{Bi} 为柱子轴线间梁的跨度；$M_{Bi,l}$、$M_{Bi,r}$ 分别为梁左端和右端柱子轴线处的弯矩。楼板的钢筋增加了梁的负弯矩承载力，虽然梁的顶部和底部配筋相同，但正负弯矩承载力不同。梁端的设计值为

$$M_{Bi,des} = M_{Bi} - V_{Bi} h_c / 2 \tag{4.53}$$

式中：$M_{Bi,des}$ 为两端弯矩设计值；M_{Bi} 为梁在柱子轴线截面弯矩的设计值；h_c 为柱子截面高度。

梁端的剪力分配可以采用沿结构高度相等的方式分配。这样，虽然在结构底部可以满足平衡，但是在较高楼层出现严重不平衡。随着结构高度增加梁延性需求发生很大变化，在结构局部位移角超出设计限值。这是，为了保证位移角满足设计限值，按照各楼层剪力大小按比例进行分配由式（4.51）计算得到的总剪力，则各层梁端剪力为

$$V_{Bi} = T \frac{V_{si}}{\sum_{j=1}^{n} V_{sj}} \tag{4.54}$$

式中：T 为框架底层边柱轴向拉力即梁端剪力总和，可由式（4.51）计算。

框架第 i 层水平剪力大小 V_{si} 为

$$V_{si} = \sum_{k=i}^{n} F_k \tag{4.55}$$

综上所述，内力分析整个过程为：①计算结构底部剪力和各层地震作用；②由式（4.48）计算出结构倾覆力矩；③设计确定柱子底部抗弯承载力；④运用式（4.51）计算柱底部的轴向拉力；⑤由式（4.55）计算各层剪力；⑥由式（4.54）确定各层梁剪力；⑦由式（4.52）和式（4.54）计算节点处梁的弯矩。

一般情况下，由于楼板作用梁负弯矩承载力大于正弯矩承载力，以此来考虑重力作用的因素。对于多跨框架，可将框架分为多榀单跨框架，根据每跨框架承受的倾覆力矩来分配底部剪力。这样，参照图 4.6，V_{CB1}、V_{CB2} 为

$$V_{CB1} = V_B \frac{M_1}{2M_1 + M_2}; V_{CB2} = V_B \frac{M_{12}}{2M_1 + M_2} \tag{4.56}$$

对于每跨框架，可按以上过程的后 5 步分析底部剪力按 1：2 分配给外柱和内柱，外榀框架梁的总剪力为

$$T = \sum_{i=1}^{n} V_{B1i} = V_B \frac{M_1}{2M_1 + M_2} \left(\sum_{i=1}^{n} F_i H_i - \sum_{j=1}^{m} M_{Cj} \right) / L_1 \tag{4.57}$$

内榀框架的梁总剪力为

$$T = \sum_{i=1}^{n} V_{B2i} = V_B \frac{M_2}{2M_1 + M_2} \left(\sum_{i=1}^{n} F_i H_i - \sum_{j=1}^{m} M_{Cj} \right) / L_2 \tag{4.58}$$

2. 柱的弯矩

梁的弯矩确定后，可以直接计算出柱子弯矩。运用式（4.55）可以计算出各层剪力，通常按照 1：2 分配给外侧和内侧的柱。如图 4.8 所示，从第一层节点开始，计算第一层柱的弯矩。第一层柱子的反弯点高度为 $0.6H_1$。则梁中线柱子截面弯矩为

$$M_{C01,t} = 0.4 V_{C01} H_1 \tag{4.59}$$

根据节点绕矩心的弯矩平衡可得，柱 12 的底部弯矩为

$$M_{C12,b} = M_{B1,l} + M_{B1,r} - M_{C01,t} \tag{4.60}$$

式中：$M_{B1,l}$、$M_{B1,r}$ 分别为首层梁柱节点矩心左右两侧梁端的弯矩。

图 4.8 中柱 12 的顶部弯矩为

$$M_{C12,t} = V_{C12} \cdot H_2 - M_{C12,b} \tag{4.61}$$

按照相同的方法依次计算每层梁的端部弯矩。但是，这将导致各层柱的反弯点靠近 1/2 高度。考虑到高阶阵型、双向弯矩效应，设计时需对弯矩修正以保证柱子具有抗弯储备。

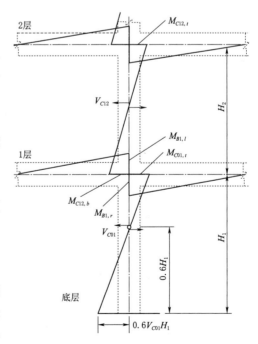

图 4.8 框架节点弯矩及柱剪力

通常情况下，假定柱的反弯点位于柱中央，柱顶部弯矩和底部弯矩相等，$M_{Ci}=0.5V_{Ci}H_i$。

4.1.5　结构延性设计

为使结构在强震下形成预设的运动机构，须有良好的延性，需满足以下两个条件：第一是强烈地震下塑性铰具有合理位置和良好变形能力，影响梁柱端塑性转动的主要因素是塑性铰长度及截面的变形能力；第二是结构的塑性铰以外的区域必须保持在弹性阶段。第二个条件可以采用强度增大系数的措施来实现，在确定强度增大系数时应考虑钢筋硬化以及应变率等因素对强度的影响。在此，主要阐述塑性铰的设计满足第一个条件。

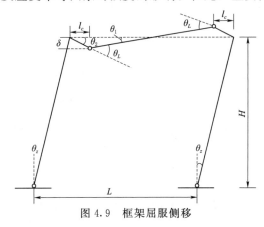

图 4.9　框架屈服侧移

1. 塑性铰的合理位置

为了保护梁柱节点，使梁端塑性铰应离节点有一定的距离，减缓塑性铰变形集中区域对节点核心的扰动明，提高节点刚度延缓其破坏，从这一方面来讲，塑性铰离节点的距离越大越好。但如图 4.9 所示，当框架屈服形成机构，侧移转角 θ_z 一定时，梁端塑性铰离节点的距离 l_c 越大时，所需的有效转动能力也越大，换而言之，梁端塑性铰离节点的距离 l_c 受塑性铰转动能力的制约。

根据几何关系，有

$$\theta_L=\theta_1+\theta_2=\theta_1\cdot(1+\theta_2/\theta_1) \tag{4.62}$$

其中

$$\theta_1=\theta_z=\delta/l_c \tag{4.63}$$

$$\theta_2=\frac{\delta}{\dfrac{L}{2}-l_c}=\frac{2\delta}{L-2l_c} \tag{4.64}$$

$$\frac{\theta_1}{\theta_2}=\frac{2l_c}{L-2l_c} \tag{4.65}$$

因此

$$\theta_L=\frac{L}{L-2l_c}\cdot\theta_z \tag{4.66}$$

若取梁端塑性铰的有效转动能力为 $[\theta_L]$，相应的转角延性为 $[\mu_{\theta L}]$，屈服曲率为 ϕ_{yL}，柱底的屈服转角为 θ_{yZ} 转角延性为 μ_{yZ}，则梁端塑性铰的转角应满足以下条件

$$\theta_L=\frac{L}{L-2l_c}\cdot\theta_z\leqslant[\theta_L] \tag{4.67}$$

式（4.67）可以进一步近似写成

$$\frac{L}{L-2l_c}\cdot\theta_{yZ}[\mu_{yZ}]\leqslant\phi_{yL}\cdot l_c\cdot[\mu_{\theta L}] \tag{4.68}$$

将式 $l_c=X_p+\dfrac{h_z}{2}$ 代入式（4.68）并整理可得

$$X_p \leqslant 0.5 \left(0.5L - \sqrt{\frac{L^2}{4} - \frac{2L\theta_{yZ}[\mu_{yZ}]}{\phi_{yL}[\mu_{\theta L}]}} \right) - \frac{h_z}{2} \tag{4.69}$$

式中：h_z 为柱截面的高度；l_c 为塑性铰转动中心至柱中心的距离；L 为框架跨度；其他变量同前面定义。

2. 塑性铰的长度

（1）梁塑性铰长度计算。在塑性铰转角的计算中，需用到曲率和塑性铰长度两个参数，表 4.4 给出了塑性铰长度计算的主要方法。为了简便起见，本章计算取梁端塑性铰长度为 h_0。

表 4.4 梁塑性铰区计算长 l_{PL}

文献	l_{PL}	备 注
Barker	h_0	h_0 为构件截面有效高度
胡德炘	$\frac{2}{3}h_0 + a < h_0$	a 为构件等弯曲段的长度
坂静雄	$2\left(1 - 0.5\rho_s \frac{f_y}{f_c}\right)h_0$	ρ_s 为截面配筋率，f_y、f_c 分别为钢筋屈服强度和混凝土的受压强度

（2）柱的塑性铰长度计算。柱端塑性铰的长度随轴压比增大而减小。表 4.5 给出了主要计算公式，由于经验公式中的参数多，不同公式计算差别大，设计时端塑性铰的长度可取 h_0。

表 4.5 柱塑性铰长度 l_{pZ}

文献	l_{PZ}	备 注
朱伯龙	$2 \cdot [1 - 0.5(\rho_s f_y - \rho_s' f_y' + \frac{N}{bh})/f_c] h_0$	ρ_s、ρ_s' 分别为拉、压配筋率，f_y、f_y' 为钢筋拉、压屈服强度，f_c 为混凝土的受压强度
Barker	$k_1 k_2 k_3 \left(\frac{Z}{h_0}\right)^{\frac{1}{4}} h_0$	h_0 构件截面有效高度，Z 为反弯点到临界截面的距离，k_1、k_2、k_3 分别为考虑钢筋类型、轴压比和混凝土强度影响系数
Mattock	$0.5h_0 + 0.05Z$	h_0 构件截面有效高度，Z 为反弯点到临界截面的距离
坂静雄	$2 \cdot (1 - 0.5\xi) \cdot h_0$	ξ 为截面有效高度和受压区相对高比值

3. 塑性铰截面的变形能力

（1）梁塑性铰截面的变形能力。梁塑性铰截面的变形能力与相对受压区高度 ξ、受压混凝土变形能力相关，由于受压混凝土极限变形能力同约束箍筋有关因而配箍特征值也影响塑性铰截面变形能力。梁截面曲率延性 $\mu_{L\phi}$ 与相对受压区高度、之间有以下定量关系

$$\lambda_{Lv} = \frac{1.9(\xi/\beta)\mu_{L\phi}\varepsilon_{sy} - 0.004}{\varepsilon_{su}} \tag{4.70}$$

式中：ξ 为混凝土受压区相对高度；λ_{Lv} 为梁配箍特征值；$\mu_{L\phi}$ 为梁塑性铰截面曲率延性；ε_{su} 为约束箍筋极限拉应变；ε_{sy} 为纵筋屈服应变。

这样可由变形的性能要求定量设计框架梁的配箍特征值 λ_{Lv}；对于 ξ，按照规范规定的方法计算并满足规范规定的值。

（2）柱塑性铰截面的变形能力。影响钢筋混凝土框架柱变形能力的重要因素是轴压比 n 和配箍特征值 λ_{Zv}，随轴压比 n 的增大柱的变形能力迅速下降，而配箍特征值 λ_{Zv} 的增加

将有效地约束核心区混凝土，提高混凝土极限压应变，改善柱的变形能力。各国抗震设计规范对柱塑性铰区的约束箍筋提出了构造措施要求，其目的在于保证柱具有一定的延性。柱变形能力与其影响因素之间的量化表达式为

$$\lambda_{Zv} = 20 \cdot \frac{A_Z}{A_{cor}} n\theta_{pk}^u - 0.04 \tag{4.71}$$

式中：λ_{Zv} 为配箍特征值；A_Z 为柱子截面面积；A_{cor} 为箍筋约束核心区混凝土的面积；n 为柱子的轴压比，可按规范规定计算并满足规范规定值；θ_{pk}^u 为柱端塑性铰区极限转动量。

这样，就可以根据性能要求设计柱的变形能力以满足预期的性能目标，也可由柱的受力、截面约束箍筋的设置情况评估柱在地震变形需求下的性能状态。

4. 柱弯矩增强系数研究

增大柱端抗弯承载力是引导框架结构形成"强柱弱梁"型有利耗能机构的关键措施。确定柱端弯矩增大系数，在强震下使结构形成预设倒塌机构是基于位移设计方法的重要问题之一。考虑荷载和材料强度的不确定性，定义实际柱端弯矩增大系数

$$\eta_c^a = \eta_c \frac{\sum M_{cy}^a / \sum M_b}{\sum M_{by}^a / \sum M_c} \tag{4.72}$$

式中：$\sum M_{cy}^a$、$\sum M_c$ 分别为节点处柱端顺时针（或者逆时针）方向实际受弯屈服承载力之和与组合弯矩设计值之和；$\sum M_{by}^a$、$\sum M_b$ 分别为节点处梁端顺时针（或者逆时针）方向实际受弯屈服承载力之和与组合弯矩设计值之和；η_c 为规范规定的柱端设计弯矩增大系数。

相关研究表明，层间变形能力和侧向承载力随着 η_c^a 增大而增大，结构屈服由"柱铰屈服"机制向"强柱弱梁"屈服机制过渡，钢筋混凝土框架结构楼层和系统形成"梁铰机构"的概率随 η_c^a 增大而增大，η_c^a 大于 2.0 或以上，框架结构形成"梁铰机构"概率可以达到所期望的要求。

4.1.6　结构承载力的计算

为了实现框架的延性设计，在承载力设计时应考虑高阶振型、各种作用耦合等因素的影响，基于性能设计须符合

$$\phi_s S_D \geqslant S_R = \phi^o \omega S_E \tag{4.73}$$

式中：S_E 为地震时各种作用设计值；ϕ^o 为结构强度增强系数，可以通过分析塑性铰的弯矩曲率关系曲线确定，也可以保守地取 $\phi^o = 1.25$；ω 为高阶振型影响系数；S_D 为结构承载力设计值；ϕ_s 为各种作用相互影响折减系数。

框架结构承载力设计主要包括：梁柱抗弯、抗剪及柱子轴向承载力设计等几个方面。

1. 梁抗弯

在框架结构抗震设计时，通常忽略梁剪力或弯矩的动力增大效应，只考虑抗弯超强作用，在式（4.73）中只考虑 ϕ^o。将框架作为整体来计算地震作用产生的梁的弯矩是正确的，但是计算由重力产生梁弯矩时需要考虑地震竖向加速度的动力效应。在地震发生时，有时会出现多层结构楼板上的物体被抛起的现象，说明地震竖向加速度有时会大于 $1g$，

但这种现象很少受到关注。

图 4.10 给出了地震作用下梁的弯矩、剪力图。图 4.10（a）中 FG 为重力作用下的弯矩，G_E 为计算地震作用时重力荷载代表值作用下的弯矩，E、E^0 分别为地震作用下和经超强系数修正后地震作用下的弯矩。梁的塑性铰设计是基于 FG、E 作用下弯矩的较大值，主要由 E 工况控制，塑性铰以外区域主要由 G_E 工况控制。由于塑性铰的弯矩承载力不能超过 E^0 工况弯矩值，故将梁跨中的弯矩增至相同跨度简支梁跨中的弯矩。这样，假定梁跨中重力荷载不变，距左侧节点距离为 x 处的弯矩为

$$M_x = M^0_{E,l} + (M^0_{E,r} - M^0_{E,l}) \cdot \frac{x}{L_B} + \frac{w_G L_B}{2} \cdot x - \frac{w_G x^2}{2} \tag{4.74}$$

式中：$M^0_{E,l}$、$M^0_{E,r}$ 分别为框架节点左右梁端截面的弯矩，需考虑正负。

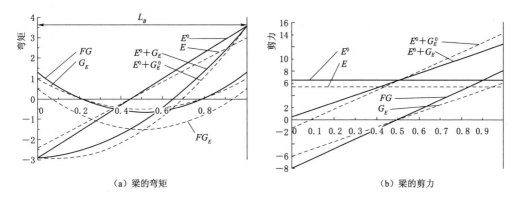

（a）梁的弯矩   （b）梁的剪力

图 4.10　梁的弯矩剪力设计值

但是，根据式（4.74）计算得到梁跨中的弯矩超出了重力作用下的弯矩，图 4.10（a）中的 $E^0 + G_E$ 组合显然超出了 G_E。同时考虑到地震竖向加速度动力效应，图 4.10（a）同时给出了 $E^0 + G^0_E$ 弯矩，其中 G^0_E 为将 G_E 提高了 30% 来考虑地震竖向作用下梁跨中的弹性响应，在多层结构中此响应随着结构高度增加越明显。

结构经历地震后，由于塑性铰的软化导致梁的弯矩重新分布，梁端弯矩减小，跨中弯矩增大如图 4.10（a）中的 FG_E 工况所示，梁端弯矩减小了 37.5%，可以认为梁跨中增加的弯矩值与地震作用组合（包括竖向动力效应）的弯矩相同。这种组合通常不予考虑，结构安全性不受影响，但会影响结构震后的适用性和可修复性。

2. 梁的剪力

图 4.10（b）反映了重力和地震组合下梁的剪力。地震作用产生的剪力为塑性铰的剪力并沿梁轴线保持不变。当采用 $E^0 + G_E$ 组合时，梁的剪力符号不变，如同梁的抗弯设计，运用 $E^0 + G_E$ 的组合来进行抗剪设计，可合理考虑梁在竖向地震激励，这比抗弯设计更为重要。梁的剪力设计值为

$$V_x = \frac{(M^0_{E,r} - M^0_{E,l})}{L_B} + \frac{w^0_G L_B}{2} - w^0_G x \tag{4.75}$$

3. 柱抗弯

目前大多数抗震设计规范都规定了柱的抗弯设计的特殊需求。美国混凝土协会抗震设

计规定：在梁柱节点质心处柱的抗弯承载力之和 $\sum M_C$（基于材料名义物理特性和强度折减系数）与梁抗弯承载力之和 $\sum M_B$ 的关系为

$$\sum M_C \geqslant \frac{6}{5} \sum M_B \qquad (4.76)$$

美国抗震设计规范中，柱的抗弯强度折减系数为 0.7，梁的抗弯强度折减系数为 0.9。实际上，式（4.76）表明梁与柱的名义抗弯承载力差距大于 20%，通过与式（4.73）比较表明，美国的抗震设计方法充分考虑了梁塑性铰处抗弯承载力超强的影响，但没有考虑动力效应的影响。此方法基于多模态分析，考虑结构高阶振型的动力效应，以柱抗弯强度为基本需求，采用等效地震作用时，强度需求高于多模态分析计算结果，但是没有采取有效措施防止由于柱需求强度的增加而形成塑性铰。

新西兰规范直接考虑了高阶模态效应，柱剪力值为对式（4.73）增大修正得到，虽然抗剪强度与抗弯强度折减系数相同，但基于增强系数与动力效应修正的强度进行设计，设计的结构具有一定的强度储备。采用弯矩表达，式（4.73）表述为

$$M_N \geqslant \phi^0 \omega_f M_E \qquad (4.77)$$

式中：M_N 为结构抗弯名义值；M_E 为框架柱在地震作用下的弯矩标准值；ω_f 为结构弯矩高阶振型效应增大系数，由于期望塑性出现在框架柱底部，允许顶部出现塑性铰，结构底部和顶部 ω_f 相等，对于单向和双向地震作用下分别为 1.0 和 1.1，ω_f 与结构高度及框架形式（单向或双向）相关，与延性需求如图 4.11 所示。若取 ϕ^0 的最小值为 1.47，相当于新西兰规范中的单向框架柱、双向框架柱最小抗弯承载力需求分别为 M_E 的 2.48 倍和 2.64 倍。弯矩增大系数与延性需求无关。

与 EC8 相同，我国规范也采用 SRSS 或 CQC 规则对模态组合来考虑柱弯矩高阶模态效应。运用前面提出

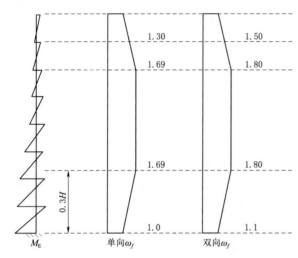

图 4.11　新西兰规范的弯矩动力增大系数

的方法设计 2~20 层框架，单向地震作用的延性系数约为 2.7。研究表明，与 EC8 中的弹性模态叠加法相比，新西兰规范中的方法相对保守。分别将地震波调整为设防烈度的 50%、100% 和 200% 后输入计算发现，但柱的弯矩动力增大系数随着地震强度增大而增大。图 4.12 中柱的弯矩为同一层所有柱子的弯矩绝对值之和，采用本书的设计方法设计时，梁的总弯矩平均分配给柱的底部和顶部节点，分析时除了材料应变强化外没有考虑其他超强因素，柱基底塑性铰钢筋强度强化用来抵消由于地震强度增加而增大的弯矩。值得注意的是，结构高度 1/3 以下各楼层柱顶部弯矩明显大于底部弯矩，并且随着地震强度增加这种差距增大。这是底层柱根部塑性铰的承载力基本不变的结果，因而柱的抗震性能与延性有关。对于给定结构，随着地震强度增大，这种差距成比例增加。研

究表明，各层柱的中部弯矩增大系数设计时取 1.6，在设计强度地震作用下偏大，但在设计强度的 200% 地震作用下是合理的。通过对图 4.11 的数据归纳分析，柱的抗弯需求为

$$\phi_f M_N > \phi^0 \omega_f M_E \qquad (4.78)$$

式中：ϕ^0 为超强系数；ω_f 为动力增大系数，主要与结构的高度和延性系数有关，如图 4.13 所示，结构高度 3/4 以下按式（4.79）计算，3/4 以上 $\omega_f = 1$。

$$\omega_f = 1.15 + 0.13 \mu^0 \qquad (4.79)$$

考虑到梁端塑性铰的平均超强因素影响，式（4.79）中的 μ^0 为

$$\mu^0 = \frac{\mu}{\phi^0} \geq 1 \qquad (4.80a)$$

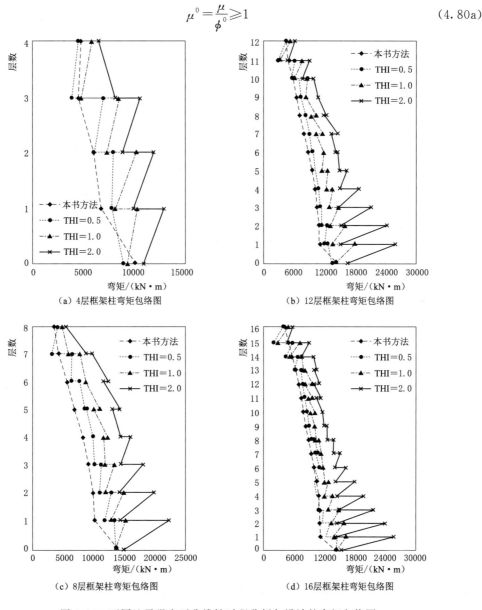

（a）4层框架柱弯矩包络图

（b）12层框架柱弯矩包络图

（c）8层框架柱弯矩包络图

（d）16层框架柱弯矩包络图

图 4.12　不同地震强度下非线性时程分析与设计的弯矩包络图

对于双向地震作用下的框架柱设计弯矩 M_E 为包括了双向弯矩的影响，式（4.79）应采考虑超强因素对对角方向延性系数

$$\mu^0 = \frac{\mu}{\sqrt{2}\,\phi^0} \tag{4.80b}$$

式中：μ 为结构的设计延性系数。

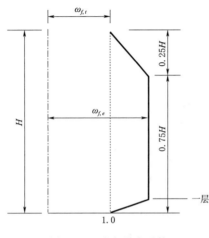

图 4.13　动力增大系数

研究表明：对于 4～12 层框架，式（4.79）可以很好地计算给定楼层的平均动力增强系数，但对较高结构计算有些保守。非线性时程分析表明保证柱子不出现塑性铰的设计过于保守，因而图 4.12 中没有包络所有工况下的弯矩需求。然而，按式（4.79）设计较新西兰规范方法保守。

4. 柱抗剪

通常情况下，国内外抗震设计规范都考虑了柱抗剪失效所造成的潜在灾难，并规定了严格的柱的抗剪承载力设计条款。美国规范只考虑抗剪超强因素影响，增强后（屈服强度为 $1.25f_y$，不考虑强度折减系数）塑性铰弯矩对应的剪力，同时柱顶部、底部剪力值为弯矩可能达到最大承载力（1.25 屈服强度为 $1.25f_y$）对应的剪力，而没有直接反应柱抗剪动力增强系数。新西兰规范基于时程分析，除首层柱外，考虑到超强因素和高阶模态动力效应的影响，柱的最大剪力作用确定时进行增大修正，可用式（4.73）计算，计算式用柱子地震作用下柱子剪力代替式中的 S_E；用 ω_s 替换式中的 ω，对于单向框架，$\omega_s = 1.3$；对于双向框架，$\omega_s = 1.6$。

对于首层柱，期望塑性铰出现于柱的底部。但由于梁的拉伸也可能出现在梁的底部。因此，首层柱设计基于柱底部和顶部均为超强塑性铰的假定

$$V_{col,1} = \frac{M_{1,b}^0 + M_{1,t}^0}{H_c} \tag{4.81}$$

式中：$M_{1,b}^0$、$M_{1,t}^0$ 分别为柱的底部和顶部超强塑性铰弯矩值；H_c 为首层柱的净高。

欧洲规范中柱剪力采用模态叠加法确定。由于假定结构高阶模态产生的剪力随延性增大而降低，以及适合一阶模态响应的行为因子都不正确，因此弹性模态叠加法对于高延性结构设计并不保守。

输入设计强度 50% 和 200% 的地震波进行非线性动力分析，得到如图 4.14 所示结果。由图 4.14 可知，从 4～6 层剪力沿结构高度变化趋势相似。DDBD 方法设计的柱的剪力包络图由点划线给出，为各层柱的剪力的总和。分析时只考虑了纵向钢筋应变强化，其他材料超强因素没有考虑。同柱的弯矩变化趋势相似，剪力随着地震强度的增大而增大。原因如前所述，剪力增大系数随着结构延性增大而增加，结构延性系数随着地震强度的增加而增加。但是现有的设计方法没有考虑到这种影响。如图 4.14 所示，非线性时程分析得到的剪力包络图与 DDBD 方法得到的包络图大致相同，随着高度的增大二者恒定偏移量减

小。基于以上分析，柱的剪力应符合

$$\phi_s V_N \geqslant \phi^0 V_E + 0.1 \mu V_{E,base} \leqslant \frac{M_t^0 + M_b^0}{H_c} \tag{4.82}$$

式中：ϕ^0 为材料增强系数；V_E 为按照 DDBD 方法计算的各层地震侧向作用；$V_{E,base}$ 为按照 DDBD 方法计算的底部剪力；μ 为结构的延性系数；H_c 为柱子的净高。

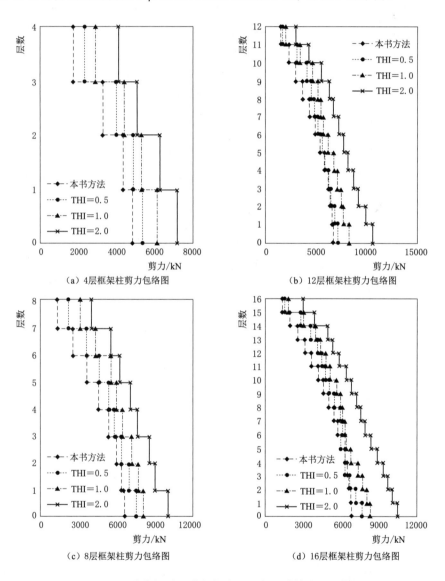

（a）4层框架柱剪力包络图　　　　　　　（b）12层框架柱剪力包络图

（c）8层框架柱剪力包络图　　　　　　　（d）16层框架柱剪力包络图

图 4.14　非线性时程分析与本用文方法计算剪力包络图

对于 2～8 层框架，式（4.82）可以较好地计算柱子剪力需求。对于较高框架，计算所得的顶层剪力偏大，但不会超过上限值。剪力上限为楼层柱子顶部和底部考虑材料超强系数情况下形成塑性铰对应的柱子剪力值，$(M_t^0 + M_b^0)/H_c$，其中符号意义同式（4.82）。通常情况下，规范规定结构上部楼层柱的约束需求控制着柱的横向箍筋。

4.1.7　算例

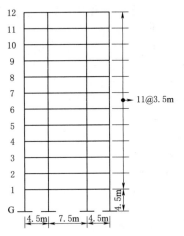

图 4.15　框架立面图

如图 4.15 所示，12 层 RC 框架，首层的层高为 4.5m，其他各层层高均为 3.5m，混凝土为 C30，$f_c = 30$MPa，钢筋的屈服强度 $f_y = 450$MPa，各楼层的质量分别为：$m_1 = 65 \times 10^3$kg、$m_{2\sim11} = 60 \times 10^3$kg、$m_{12} = 70 \times 10^3$kg。

分别由式（4.18）、式（4.32）计算等效 SDOF 系统的设计位移和等效高度，见表 4.6。

各层位移：表中的第 5 列给出了由式（4.21）计算得到的非弹性位移模态，可以看出，最大位移角出现在第一层。第一层的设计位移，$\Delta_1 = 0.025 \times 4.5 = 0.1125$（m），由式（4.19）可得，$\Delta_i = \delta_i \dfrac{\Delta_1}{\delta_1} = 0.828\delta_i$。

等效 SDOF 系统设计位移：将表 4.6 的第 6、7 列代入式（4.18）可得，$\Delta_d = \sum\limits_{i=1}^{n}(m_i\Delta_i^2)/\sum\limits_{i=1}^{n}(m_i\Delta_i) = 226.11/371.47 = 0.609$（m）。

表 4.6　设计位移和等效高度

楼层 i	层高 H_i/m	质量 m_i/10^3kg	δ_i	Δ_i	$m_i\Delta_i$	$m_i\Delta_i^2$	$m_i\Delta_i h_i$
12	43.0	70	1.000	0.828	57.95	47.97	2491.7
11	39.5	60	0.943	0.781	46.86	36.60	1851.1
10	36.0	60	0.882	0.731	43.84	32.03	1578.2
9	32.5	60	0.817	0.677	40.59	27.47	1319.3
8	29.0	60	0.747	0.619	37.13	22.98	1076.8
7	25.5	60	0.673	0.557	33.45	18.65	853.0
6	22.0	60	0.595	0.492	29.55	14.55	650.1
5	18.5	60	0.512	0.424	25.43	10.78	470.4
4	15.0	60	0.424	0.351	21.09	7.41	316.3
3	11.5	60	0.333	0.275	16.53	4.55	190.1
2	8.0	60	0.236	0.196	11.75	2.30	94.0
1	4.5	65	0.136	0.112	7.31	0.82	32.9
合计					371.47	226.11	10923.8

等效 SDOF 系统有效高度：将表 4.6 的第 6、第 8 列代入式（4.32）可得，$H_e = \sum\limits_{i=1}^{n}(m_i\Delta_i h_i)/\sum\limits_{i=1}^{n}(m_i\Delta_i) = 10923.8/371.47 = 29.4$（m），为框架总高的 68.4%。

屈服位移：钢筋的屈服强度为 $f_y = 450$MPa，取钢筋的设计屈服强度为 $f_{ye} = 1.1f_y = 495$MPa。钢筋的屈服应变为，$\varepsilon_y = f_{ye}/E_s = 495/200000 = 0.002475$。

设计时可需要考虑以下 3 种情况：①各跨梁的高度均为 600mm，$M_1 = M_2$。②根据地震作用的分配情况，边跨和中跨梁的截面高度分别为 $h_1 = 750\text{mm}$，$h_2 = 600\text{mm}$，$M_1 = 1.67M_2$。③根据重力作用下的弯矩，外跨和中跨梁的高度分别为 $h_1 = 500\text{mm}$，$h_2 = 600\text{mm}$，$M_1 = 0.6M_2$。

由式（4.33a）可知，$\theta_{y1} = 0.5 \times 0.002475 \times \dfrac{4.5}{0.6} = 0.00928$，$\theta_{y2} = 0.5 \times 0.002475 \times \dfrac{7.5}{0.6} = 0.0155$。由式（4.43）可知，$\Delta_y = \dfrac{2M_1\theta_{y1} + M_2\theta_{y2}}{2M_1 + M_2} \cdot H_e = \dfrac{2 \times 0.00928 + 0.0155}{3} \times 29.4 = 0.334(\text{m})$。结构体系的延性系数为 $\mu = 0.609/0.334 = 1.82$，式（3.23）和式（4.10）得等效阻尼比为，$\zeta_{hyst} = 0.05 + 0.565 \times \dfrac{1.82 - 1}{1.82\pi} = 0.131$。对于第②③两种情况，按照相同方法可得：② $\Delta_y = 0.273$，$\mu = 3.23$，$\zeta_{hyst} = 0.149$；③ $\Delta_y = 0.386$，$\mu = 1.58$，$\zeta_{hyst} = 0.116$。

在此，以情况①为例进行计算。由式（4.29）可得，$\omega_\theta = 1.004$，其值较小，故在此忽略高阶模态效应的影响。将表 4.6 中的前三列相关数值代入式（4.30）可得，$m_e = \sum_{i=1}^{n}(m_i\Delta_i)/\Delta_d = 371.5/0.609 = 610 \times 10^3(\text{kg})$。

阻尼比 $\zeta = 0.05$ 谱位移的阻尼折减系数，$R_\zeta = \left(\dfrac{0.07}{0.021 \times 0.131}\right)^{0.5} = 0.680$，对于 $T_c = 5.5\text{s}$，$\zeta = 13.1\%$，$0.680 \times 1.4 = 0.953(\text{m})$，如图 4.16 中点线所示。

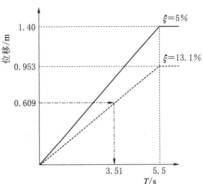

图 4.16　位移反应谱

$T_e = 5.5 \times 0.609/0.953 = 3.51(\text{s})$。表 4.7 给出了相关的计算结果。

等效 SDOF 的有效刚度 $k_e = 4\pi^2 m_e/T_e^2 = 4\pi^2 \times 610/3.51^2 = 1955(\text{kN/m})$

底部剪力 $F = V_b = k_e\Delta_d = 1955 \times 0.609 = 1190(\text{kN})$。

结构各层地震作用 $F_i = F_t + 0.9V_b(m_i\Delta_i)/\sum_{i=1}^{n}(m_i\Delta_i)$，其中顶层 $F_t = 0.1V_b$，其他层 $F_t = 0$。代入表中的相关数据可得各层地震作用见表 4.7 第 4 列。

表 4.7　　　　　相　关　计　算　结　果

楼层 i	层高 H_i /m	$m_i\Delta_i$	各层地震作用 F_i/kN	各层剪力 F/kN	OTM /(kN·m)	L_1 剪力 /kN	L_1 弯矩 /(kN·m)
12	43.0	57.95	286.1	286.1	0.0	69.4	138.8
11	39.5	46.86	135.1	421.3	1001.4	102.1	204.3
10	36.0	43.84	126.4	547.6	2475.7	132.8	265.6
9	32.5	40.59	117.1	664.6	4392.3	161.1	322.3
8	29.0	37.13	107.1	771.7	6718.6	187.1	374.2
7	25.5	33.45	96.5	868.2	9419.6	210.5	421.0
6	22.0	29.55	85.2	953.4	12458.2	231.2	462.3

楼层 i	层高 H_i /m	$m_i\Delta_i$	各层地震作用 F_i/kN	各层剪力 F/kN	OTM /(kN·m)	L_1 剪力 /kN	L_1 弯矩 /(kN·m)
5	18.5	25.43	73.3	1026.7	15794.9	248.9	497.9
4	15.0	21.09	60.8	1087.5	19388.2	263.7	527.3
3	11.5	16.53	47.7	1135.1	23194.4	275.3	550.4
2	8.0	11.75	33.9	1169.0	27167.2	283.4	566.8
1	4.5	7.31	21.1	1190.1	31258.6	288.5	577.1
0	0	0	0	1190.1	36613.9	0	0
合计		371.47	1415.0*	10121.1		2454.0	

注：* 表示梁的剪力和弯矩为节点柱表面处的值。

1. 结构各层剪力和弯矩

各层剪力为其以上所用楼层地震作用的总和，计算结果见表 4.7 第 5 列。各层倾覆力矩为，$OTM_i = \sum\limits_{j=i}^{12} F_j(H_j - H_i)$，计算结果见表 4.7 第 6 列。结构底部倾覆力矩为，$OTM_{base} = 36614(\mathrm{kN/m})$。柱子根部弯矩为，$\sum M_{Cj} = V_{base} \times 0.65 H_1 = 1190 \times 0.65 \times 4.5 = 3481(\mathrm{kN/m})$。

2. 地震作用下各跨框架梁的剪力

如前所述，对于不等跨框架，基于梁端抗弯承载力相等的假设，取 $M_1 = M_2$，由式（4.57）和式（4.58）可得外跨框架梁的剪力为 $\sum V_{b1i} = T = \dfrac{M_1}{2M_1 + M_2}(\sum\limits_{i=1}^{n} F_i H_i - \sum\limits_{j=1}^{m} M_{Cj})/L_1 = \dfrac{1}{3}(36614 - 3481)/4.5 = 2454(\mathrm{kN})$。在端跨梁端按照各层剪力比例分布由式（4.54）得，$V_{Bi} = T \dfrac{V_{S,i}}{\sum\limits_{i=1}^{n} V_{S,i}} = 2454 \times V_{S,i}/10121$，计算结果见表 4.7 第 7 列。

3. 边跨梁端弯矩

地震作用下，边跨梁端的弯矩为 $M_{b,i} = V_{b,i} L_{1n}/2$，其中，$L_{1n}$ 为边跨框架的净跨，$L_{1n} = L_1 - h_c$。计算结果见表 4.7 第 8 列，值得注意这是梁正负弯矩平均值，实际设计时可采用楼板钢筋增大负弯矩承载力，减小正弯矩承载力。可以取重力荷载作用下的弯矩值和地震荷载作用下弯矩的较大值，作为梁的承载力设计值。

4. 梁抗剪承载力设计值

为了实现强剪弱弯，在梁端形成塑性铰，需考虑由材料实际强度超过设计强度以及实际配筋率超过了设计配筋率等因素影响，设计时要对表 4.7 第 8 列的弯矩乘以超强系数 ϕ^0 进行修正（$\phi^0 = 1.35$），本例中假定梁柱的 $\phi^0 = 1.35$，$V_x = \dfrac{2\phi^0 M_B}{L_C} + \dfrac{w_G^0 L_C}{2} - w_G^0 x = \dfrac{2 \times 1.35 M_B}{4} + \dfrac{43.8 \times 4}{2} - 43.8x = 0.675 M_B + 87.5 - 43.8x$，其中 M_B 见表 4.7 第 8 列，L_C 为框架的净跨，x 为梁的计算截面至柱子侧面距离，最大剪力值为柱子侧面即 $x = 0$ 处。

计算结果见表4.8第2列。

表 4.8 边跨框架承载力计算计算结果

楼层 i	V_B^0 /kN	$M_{C1,f}$ /(kN·m)	ω_f	$M_{C1,des}$ /(kN·m)	$M_{C2,des}$ /(kN·m)	$V_{C1,des}$ /kN	$V_{C1,des}$ /kN
12	181.2	220.8	1.00	298.0	596.0	259.3	518.6
11	225.3	162.5	1.05	240.6	481.2	302.3	604.6
10	266.7	211.2	1.10	365.9	731.8	342.5	685.0
9	305.0	256.3	1.15	398.0	796.0	379.7	759.4
8	340.1	297.6	1.15	462.1	924.2	413.8	827.5
7	371.6	334.8	1.15	519.8	1039.6	444.5	888.9
6	399.5	367.7	1.15	570.9	1141.8	471.5	943.2
5	423.5	395.9	1.15	614.8	1229.5	494.9	989.8
4	443.4	419.4	1.15	651.2	1302.3	514.3	1028.5
3	459.0	437.8	1.15	679.7	1359.4	529.4	1058.8
2	470.1	450.9	1.15	669.5	1339.0	540.2	1080.3
1	477.0	459.0	1.15	650.6	1301.2	546.9	1093.8
0			1.00	580.3	1160.6		

5. 边跨柱的设计弯矩

在框架结构节点处，梁的弯矩平均分配给上下柱。对于双向框架，期望两个方向的梁同时屈服，因此角柱在地震作用下的弯矩为 $\sum M_C \approx \sum M_{CD} = \sqrt{2}M_{Bj}$，其中，$M_{Bj}$ 为节点形心处梁的弯矩，比柱截面处梁弯矩值（表4.7的第8列）大12.5%，平均分配给上下柱，在节点形心处住的弯矩为 $M_{Bj}/\sqrt{2}$，对于内柱增大至2倍。在框架顶层由于节点上部无柱，因此梁端弯矩全部由下部柱承担。

基于以上假定，角柱在对角线方向地震作用下弯矩值见表4.8的第3列，此时需要考虑材料超强系数和动力效应对弯矩增大。如前所述，本例假定 $\phi^0 = 1.35$，由式（4.80b）得到对角延性需求为，$\mu^0 = \frac{\mu}{\sqrt{2}\phi^0} = \frac{1.8}{1.414 \times 1.35} = 0.943 < 1$，因此，取 $\mu^0 = 1$。由式（4.79）可知，在结构的高度1/2以上及顶部，动力系数分别为1.15和1.0，沿结构高度分布如图4.13所示。结果见表4.8的第4列。角柱的设计弯矩为 $M_{C1,des} = 1.35\omega_f M_{C1,f}$，其中 $M_{C1,f}$ 见表4.8的第3列，$M_{C1,des}$ 的计算结果在表4.8的第5列中给出。值得注意的是所得到设计弯矩为框架节点形心处角柱弯矩，在梁顶面和底面的弯矩应给予折减。框架内部柱的弯矩为角柱弯矩的2倍，计算结果见表4.8中的第6列。显然，边柱的弯矩值介于角柱和内柱之间。

6. 柱剪力设计值

柱剪力的设计值可利用式（4.82）计算，采用对角方向的延性系数，抗弯超强系数取1.0，式（4.82）可简化为，$\phi_s V_{N,2} \geq \sqrt{2}(1.35V_{E,1} + 0.1V_{E,base,1}) \leq \frac{M_l^0 + M_b^0}{l_c}$，在此例中，楼层剪力按边柱和内柱剪力比为1:2分配，因此，在单向地震作用下，边柱和内柱分别承受楼层剪力的 1/6 和 1/3。内柱和角柱的抗剪强度需求值可以由式 $\phi_s V_{N,2} \geqslant \sqrt{2}(1.35V_{E,1} + 0.1V_{E,base,1}) \leqslant \dfrac{M_l^0 + M_b^0}{l_c}$ 计算，$V_{E,1}$ 的值为表 4.7 中的第 10 列，这样角柱和内柱弯剪力值计算结果为表 4.8 中的第 7 列和第 8 列。但在实际设计时还应考虑柱子弯矩超强系数的影响进行上限校核。

4.2　基于刚塑性位移的设计方法

强震下，延性结构局部（塑性铰）进入非线性状态产生大量塑性变形，地震输入的能量绝大部分转化为塑性变形能而被耗散，仅有一小部分能量转化为弹性势能。基于这种能量转化机制，利用滑移刚塑性模型来预测结构的地震反应。同时建议在结构的合理部位设置（塑性铰或其他耗能设施）确保结构在强震下形成合理的运动机构。

本节提出了一种基于刚塑性位移设计方法简称刚塑性抗震设计方（Rigid - Plastic Seismic Design，RPSD），即以形成的合理运动机构为基础将多自由度系统简化为 ESDOF，将 GRPS 调整形成特定刚塑性反应谱（Specific Rigid - Plastic Spectrum，SRPS），根据结构抗震性能目标利用 SPRS 求出结构的内力，对结构进行塑性设计；然后利用传统的弹性设计方法，对结构进行弹性阶段的设计。

本节分析采用以下基本假定：
（1）不考虑塑性铰的剪切应变的影响。
（2）塑性铰是理想刚塑性，其他部位是刚性的。
（3）黏滞性阻尼忽略，只考虑塑性变形耗散地震能量。
（4）结构质量几何地集中于楼层的标高处。
（5）地震以外的荷载不随时间变化。

4.2.1　ESDOF 的等效

1. 运动机构的研究

RPSD 方法应先确定结构在强震下的运动机构，将多自度系统转化为 ESDOF，这就要求在结构的适当部位预设塑性铰提高结构局部的延性，避免局部倒塌，形成最佳的耗能机构抵抗地震作用，耗散地震能量，便于震后修复。

目前，世界各国学者都认为应该优先引导梁端出塑性铰，但是对柱端塑性铰的位置和数量看法有分歧。新西兰追求"理想的梁柱铰"机构［图 4.17（a）］，即在强震下梁端塑性铰形成较早；底层柱底端塑性铰形成铰迟，除此之外其余柱截面不允许出现塑性铰。但新西兰规范认为还有其他方案，因此在规范中规定两种方案以供选择，一种是上述的"理想梁柱铰"机构，另一种是类似于美国规范中的方案，允许在除底层柱底端外其他层少数柱端出现塑性铰，称为"梁柱铰机构"［图 4.17（b）］，欧洲 EC8 规范也采用此种方案。

由于"理想梁柱铰"机构或"梁柱铰"机构相对于"柱铰"机构［图 4.17（c）］而言，能够形成更多的塑性铰，从而能够耗散更多的地震能量，"理想梁柱铰"机构利于震后的修复及保证结构的整体性，因此，我国规范选择"理想梁柱铰"机构，本书选择该机构形式。

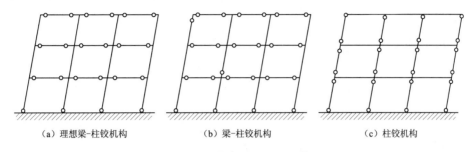

（a）理想梁-柱铰机构　　　　（b）梁-柱铰机构　　　　（c）柱铰机构

图 4.17　框架塑性变形机构

2. ESDOF 系统的等效参数

为简单起见，先考虑单跨框架的情况，然后再将其推广到多跨体系中。图 4.18 为一单跨五层的框架在单向地震作用下形成的运动机构，在底层柱底部和各层梁的两端形成塑性铰。

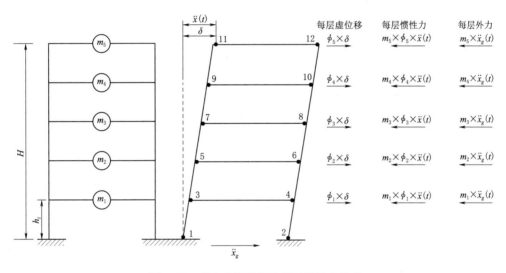

图 4.18　多自由度系统地震时的运动状态

图中 H 为结构总高度，h_i 为结构第 i 层离地面的高度，根据本章假定（4），每层相对地面位移可以由位移形状函数 $\phi_i = h_i / H$ 和振动幅值（Δ）确定。假设在顶层有虚位移 δ，各层的虚位移、惯性力、外力分别为 $\phi_i \times \delta$、$m_i \times \phi_i \times \ddot{x}(t)$、$m_i \times \ddot{x}_g(t)$，由达朗贝尔原理可得

$$\begin{cases} -\sum_{i=1}^{12} \mid M_j \mid \cdot \dfrac{\delta}{H} - \sum_{i=1}^{5} m_i \phi_i^2 \ddot{x}(t)\delta - \sum_{i=1}^{5} m_i \phi_i \ddot{x}_g(t)\delta = 0 & \delta > 0 \\ -\sum_{i=1}^{12} \mid M_j \mid \cdot \dfrac{\delta}{H} + \sum_{i=1}^{5} m_i \phi_i^2 \ddot{x}(t)\delta + \sum_{i=1}^{5} m_i \phi_i \ddot{x}_g(t)\delta = 0 & \delta < 0 \end{cases} \tag{4.83}$$

式中：$\ddot{x}(t)$ 为结构顶层相对地面加速度；$\ddot{x}_g(t)$ 为地面地震加速度；M_j 为第 j 个塑性铰的弯矩值与虚位移 δ 和运动状态有关；其余符号同前。

由 δ 任意性可得运动方程为：

塑性阶段

$$\begin{cases} \sum_{j=1}^{12} \mid M_j \mid \frac{1}{H} - \sum_{i=1}^{5} m_i \phi_i^2 \ddot{x}(t) - \sum_{i=1}^{5} m_i \phi_i \ddot{x}_g(t) = 0 & \dot{x}(t) > 0, x(t) > 0 \\ \sum_{j=1}^{12} \mid M_j \mid \frac{1}{H} + \sum_{i=1}^{5} m_i \phi_i^2 \ddot{x}(t) - \sum_{i=1}^{10} m_i \varphi_i \ddot{x}_g(t) = 0 & \dot{x}(t) < 0, x(t) < 0 \end{cases} \quad (4.84)$$

滑移阶段

$$\sum_{i=1}^{5} m_i \cdot \varphi_i \cdot \ddot{x}_g(t) + \sum_{i=1}^{5} m_i \cdot \varphi_i^2 \cdot \ddot{x}(t) = 0 \quad \ddot{x}(t) \cdot \dot{x}(t) < 0, \dot{x}(t) = 0 \quad (4.85)$$

刚性阶段

$$\sum_{j=1}^{10} \mid M_j \mid \cdot \frac{1}{H} > \sum_{i}^{10} m_i \cdot \varphi_i \cdot \ddot{x}_g(t) \quad \dot{x}(t) = 0, \ddot{x}(t) = 0 \quad (4.86)$$

如图 4.19 所示，多层框架可以等效为 SDOF 系统，式（4.84）简化成

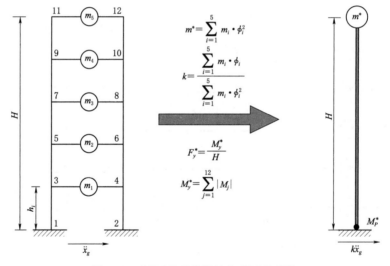

图 4.19　MDOF 系统等效为 SDOF 系统

刚性阶段：
$$\left| k \cdot \ddot{x}_g(t) \right| < \frac{F_y^*}{m^*} \quad \ddot{x}(t) = 0, \dot{x}(t) = 0 \quad (4.87a)$$

塑性阶段：
$$\begin{cases} km^* \ddot{x}(t) + F_y^* = -k \ddot{x}_g(t) & \dot{x}(t) > 0, x(t) > 0 \\ km^* \ddot{x}(t) - F_y^* = -k \ddot{x}_g(t) & \dot{x}(t) < 0, x(t) < 0 \end{cases} \quad (4.87b)$$

滑移阶段：
$$\ddot{x}(t) + k \ddot{x}_g(t) = 0 \quad \dot{x}(t) x(t) < 0 \quad (4.87c)$$

式中：m^* 为等效质量；M_y^* 为等效塑性弯矩；系数 k 可由以下各式确定

$$m^* = \sum_{i=1}^{5} m_i \cdot \phi_i^2 \quad (4.88a)$$

$$k = \frac{\sum_{i=1}^{5} m_i \cdot \phi_i}{\sum_{i=1}^{5} m_i \phi_i^2} \quad (4.88b)$$

$$M_y^* = \sum_{j=1}^{12} \mid M_j \mid \qquad (4.88c)$$

$$F_y^* = \frac{M_y^*}{H} \qquad (4.88d)$$

对于 n 层 l 跨的平面框架,用相同的方法可得到如式(4.89)的等效 SDOF 系统运动方程,等效质量 m^*,等效塑性弯矩 M_y^*,等效剪力及系数 k 为

$$m^* = \sum_{i=1}^{n} m_i \cdot \phi_i^2 \qquad (4.89a)$$

$$k = \frac{\sum\limits_{i=1}^{n} m_i \cdot \phi}{\sum\limits_{i=1}^{n} m_i \phi_i^2} \qquad (4.89b)$$

$$M_y^* = \sum_{j=1}^{(l+1)\cdot(n+1)} \mid M_j \mid \qquad (4.89c)$$

$$F_y^* = \frac{M_y^*}{H} \qquad (4.89d)$$

以上各式中,n、l 分别为框架的层数、跨数,其余变量定义同前。

4.2.2 地震需求的确定

刚塑性反应谱法确定结构的地震需求分两步进行,首先利用特定刚塑性反应谱 SRPS 确定出塑性区域的地震需求,然后利用动力平衡方程计算出刚性区域的地震需求。

1. 塑性区域

在式(4.87)各式左右两侧都乘以 $1/k$〔k 由式(4.89b)求出〕可知,多层框架形成运动机构后,地震响应相当于屈服加速度为 $a_y = F_y^* / (m^* \cdot k)$ SDOF 系统在相同地震激励下响应的 k 倍〔即在式(3.28)各式左右两侧都乘以 $1/k$,系数 k 可由式(4.89b)求出〕。根据刚塑性反应谱特点相当于把反应谱的纵坐标扩大 k 倍。如图 4.20 所示,把相同设防烈度 PAG 对应的 GRPS 纵坐标扩大 k 倍后得到 SRPS。根据所选则抗震性能标准 R_{max}(即结构位移容许值),按图 4.21 确定出 a_y 后可算出 F_y^*

$$F_y^* = k a_y m^* \qquad (4.90)$$

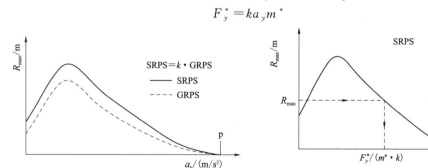

图 4.20 GRPS 转化为 SRPS 示意图   图 4.21 利用 SRPS 确定 a_y 示意图

2. 刚性区域

为使结构在强震下能够形成所选择的机构,由极限定理可知,必须满足以下两个

条件：

（1）由地震作用产生的侧向荷载和其他水平荷载作用下满足动力平衡。

（2）塑性铰以外的区域弯矩的数值不超过屈服力矩（即保持刚性），这就要求知道每个时刻所对应的外力场。

由式（4.91）可以确定每个自由度（即每层框架楼盖质心处）各个时刻地震作用 $F_i(t)$ 为

$$F_i(t) = -m_i[\pm\varphi_i\ddot{x}(t) + \ddot{x}_g(t)] \tag{4.91}$$

为了使用方便，将式（4.91）代入式（4.87b）与式（4.87c）得

塑性阶段：　　　　$F_i(t) = -m_i \cdot [\pm\varphi_i a_y + \ddot{x}_g(t)] \cdot (1-\varphi_i \cdot k)$　　　（4.92a）

滑移阶段：　　　　$F_i(t) = -m_i \cdot \ddot{x}_g(t) \cdot (1-\varphi_i \cdot k)$　　　　　　　（4.92b）

由于 k 和 a_y 已经确定，其他荷载不随时间变化，因此由式（4.92a）、式（4.92b）可知，刚性区域的地震作用与地面加速度的大小和机构运动方向有直接的联系。由于地震过程中，地面运动加速度不大于地面加速度峰值 PGA，本书保守地取结构地震作用为式（4.93a）及式（4.93b）对应 6 种状态取值

塑性阶段：
$$\begin{cases} \text{机构正向运动} & \begin{cases} \ddot{x}_g(t) = +PGA \\ \ddot{x}_g(t) = -PGA \end{cases} \\ \text{机构负向运动} & \begin{cases} \ddot{x}_g(t) = +PGA \\ \ddot{x}_g(t) = -PGA \end{cases} \end{cases} \tag{4.93a}$$

滑移阶段：
$$\begin{cases} \ddot{x}_g(t) = +PGA \\ \ddot{x}_g(t) = -PGA \end{cases} \tag{4.93b}$$

因此，当 PGA 一定时，结构塑性阶段地震作用与机构的运动方向和 PGA 方向有关，结构中每个塑性铰弯矩值的正负随着机构运动方向的改变而改变；结构滑移阶段时，结构地震作用与机构的运动方向无关，此时，结构中每个塑性铰的屈服弯矩值为零。

表 4.9 给出了 6 种状态的结构运动形式各质点地震作用的计算解析式，可以计算出 F_i，设计时取各种状态的最大值。

从以上分析可知，结构地震作用下两个因素有关：①所选择的运动机构（通过参数 k 与 ϕ_i 反映出来）；②结构所在场地的结构抗震性能标准（通过屈服加速度 a_y 反映出来）。这两个因素均与地面运动的特征无关，在结构设计之前都是可以控制已知，避免设计时繁琐重复迭代，这也正是 PBSD 方法的优点。

为保证结构满足抗震性能标准，必须满足以下 3 个条件：①结构对于表 4.9 中的六种状态地震作用下安全；②所遭遇强震地面的加速度的记录满足 $a_y \leqslant |\ddot{x}_g| \leqslant PGA$；③结构延性性能满足所在地区强震下的延性要求。

表 4.9　　　　　　　　　　　　六种运动状态下各质点的地震作用

结构状态	结构运动方向	PGA 方向	解 析 式
塑性	正	正	$F_i(t) = -m_i \cdot [-\phi_i \cdot k \cdot a_y + PGA \cdot (1-\phi_i \cdot k)]$
		负	$F_i(t) = -m_i \cdot [-\phi_i \cdot k \cdot a_y - PGA \cdot (1-\phi_i \cdot k)]$

结构状态	结构运动方向	PGA 方向	解析式
塑性	负	正	$F_i(t) = -m_i \cdot [\phi_i \cdot k \cdot a_y + PGA \cdot (1 - \phi_i \cdot k)]$
		负	$F_i(t) = -m_i \cdot [\phi_i \cdot k \cdot a_y - PGA \cdot (1 - \phi_i \cdot k)]$
滑移		正	$F_i(t) = -m_i \cdot PGA \cdot (1 - \phi_i \cdot k)$
		负	$F_i(t) = m_i \cdot PGA \cdot (1 - \phi_i \cdot k)$

4.2.3 设计步骤

RPSD 设计主要分为两个阶段：第一阶段利用刚塑性反应谱确定结构大震下的结构性能需求；第二阶段利用典型的弹性设计方法确定结构在小震和多遇地震作用下的结构性能需求。主要有以下几个步骤：

（1）根据建筑结构的重要性（考虑业主要求），确定结构抗震性能目标，一般用层间位移角限值作为框架结构性能水准的量化指标。

（2）利用抗震概念设计的原则，在结构合理部位设置塑性铰（或耗能部件），确定结构强震下的倒塌机构，便可得到结构侧移曲线，计算出各楼层的质量 m_i 和位移函数 ϕ_i，按式（4.89a）和式（4.89b）计算出等效质量 m^*、k。

（3）根据参数 k 按图 4.20 所示方法将 GRPS 转化为 SRPS，由抗震性能标准 R_{max} 利用 SRPS 曲线确定出 a_y，根据式（4.90）、式（4.89c）和式（4.89d）计算出 F_y^*、M_y^*，按照"强柱弱梁"原则按式（4.94）求出每个柱端与梁塑性铰的弯矩值

$$M_y^b = M_y^* / (m + \eta_c^a \cdot n), M_y^c = \eta_c^a \cdot M_y^b \qquad (4.94)$$

式中：m，n 分别为梁端和柱端塑性铰的个数。

（4）根据设防烈度确定 PGA 后，利用表 4.9 中的解析式就可求出结构各层地震的侧向作用，然后利用极限设计方法确定结构内力设计值。

（5）根据式（4.70）与式（4.71）分别计算出梁、柱塑性铰的箍筋特征值并符合规范规定，根据规范中的有关方法计算受压区高度 ξ，轴压比等，并调整符合规范要求。

（6）根据结构在小震和多遇地震的性能需求按照弹性设计的方法确定出结构的截面尺寸，进行构件承载力及结构配筋计算。

由此可见，RPSD 方法并没有抛弃现行规范的设计方法，而是在其基础上进行了继承和发展。

4.3 基于能量性能的抗震设计

地震作用下，结构依靠自身的塑性变形耗散地震能量，假定结构在地震过程中不发生倒塌，则在任意时刻结构体系的总耗能和地震输入总能量始终保持平衡，所以地震对结构的作用实际上是能量输入、转化、吸收（耗散）的过程。

基于能量设计体现了这种耗能理念，以滞回耗能为主要设计参数，在基于位移抗震设计的基础上，增加了结构损伤耗能机制设计及结构耗能损伤能力评价。自 20 世纪 50 年代

Housner 提出基于能量结构抗震设计概念以来，国内外学者进行了广泛研究，Riddell 等研究了弹塑性 SDOF 系统的能量谱；Chou 等采用模态 Pushover 分析（Modal Pushover Analysis，MPA）研究了框架结构的层间能量分布规律；沈蒲生，朱建华等对框筒结构及筒体结构各层能量分布进行了研究。然而，上述研究大都集中在能量计算、分析方面，基于能量的抗震设计方法尚未完全形成。

4.3.1　基于能量设计的基本原理

基于能量设计方法的基本原理可以简单概括为：地震输入能量不大于结构耗能能力，即在整个地震过程中，输入结构的能量不超过结构允许的耗能能力。通过对实际结构的能量反应分析表明，在地震作用下结构动能同其响应几乎同时达到最大值，但其峰值与地震输入能量相比只占很小比例。因此结构耗能主要集中在结构本身的滞回耗能（或耗能装置耗能），而结构耗能是产生破坏和损伤的主要原因，所以基于能量性能的抗震设计方法是从能量的角度出发，以输入的地震能量和结构耗散的能量平衡为前提，综合各种有关的影响因素，评价结构在地震过程中的安全性，比选出合理有效的抗震设计方法。

4.3.2　SDOF 地震能量需求

对于图 4.22，质量为 m 的非弹性 SDOF 系统，其能量方程为

$$E_k + E_\xi + E_a = E_i \tag{4.95}$$

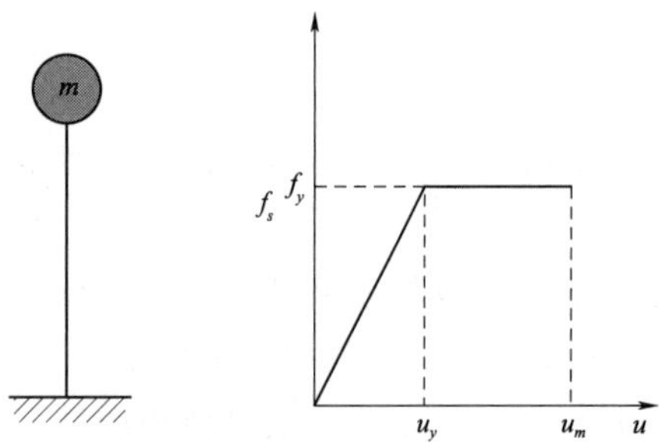

式中：E_k 为结构体系动能，$E_k = m(\dot{u}_t)^2/2$；E_ξ 为结构体系黏滞阻尼能，$E_\xi = \int_0^t (c\dot{u}) \mathrm{d}u$；$E_a$ 为结构体系变形能，$E_a = E_S + E_h = \int_0^t f \mathrm{d}u$。其中 E_s 为结构体系弹性应变势能，E_h 为结构体系塑性变形滞回耗能。

对于给定延性系数 μ，阻尼系数 ζ 的非弹性 SDOF 体系，最大位移 $D_s = \mu D_y$，其中 D_y 为 SDOF 屈服位移，定义屈服强度系数 $C_y = f_y/mg$，$V_a = \sqrt{2E_a/m}$ 为地震总能量输入的等效速度，反

图 4.22　非弹性 SDOF 系统及其恢复力模型

映了结构单位质量的输入能，在弹性体系中其值收敛于拟速度。输入选取的地震波，进行非线性计算，可分别得到 D_s、C_y 及 V_a 反应谱。图 4.23 给出了 El 地震波作用下的各种反应谱。

地震作用下延性框架主要通过梁端的塑性铰耗散地震能量，因此，可以通过等效塑性铰的有效阻尼比 ζ_{EDS} 和有效刚度 k_{EDS} 来反映框架塑性铰耗能特性。图 4.24 为在周期激励（$u = u_0 \sin\overline{\omega}t$）下（$u_0$ 为幅值，$\overline{\omega}$ 为频率），线性黏滞阻尼器的力-位移曲线，椭圆所围成的面积为每周期耗散的能量 $E_D = \pi c\overline{\omega}u_0^2$。

对于塑性铰（非线性耗能装置），ζ_{EDS} 可以由下式计算

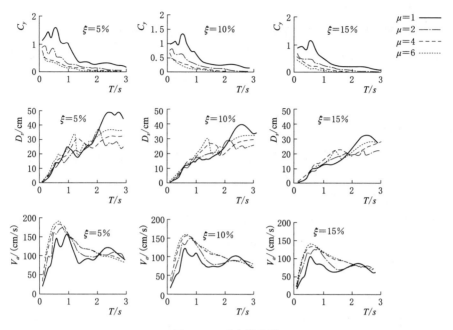

图 4.23 反应谱曲线

$$\zeta_{\mathrm{EDS}} = \frac{c}{c_{cr}} = \frac{c}{2m\omega} = \frac{E_D}{2\pi m\omega\overline{\omega}u_0^2} = \frac{E_D}{4\pi E_S\overline{\omega}/\omega} \tag{4.96}$$

式中：c_{cr}、m、ω 和 E_S 分别为 SODF 系统临界阻尼系数、质量、自振频率和最大弹性应变能。在地震作用下，$\overline{\omega}/\omega = 1$，因此上式为

$$\zeta_{\mathrm{EDS}} = \frac{E_D}{4\pi E_S} \tag{4.97}$$

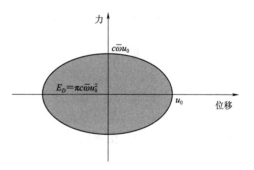

图 4.24 黏滞阻尼器力与位移曲线

4.3.3 等效 SDOF 系统能量计算

1. 等效参数的计算

根据模态分析得到的结构各阶振型列向量 ϕ_i（本书中 $i=1$，2）及自振周期 T_i，由式（4.98）计算各阶振型参与系数

$$\Gamma_i = \phi_i^T MI / m_i \tag{4.98}$$

式中：Γ_i 为第 i 阶振型参与系数；ϕ_i^T 为第 i 阶振型列向量转置；M 为结构质量矩阵；$m_i = \phi_i^T M\phi_i = I$，$I$ 为单位向量。

运用 MPA 对结构进行分析得出各阶振型屈服力 F_{yi}，由式（4.99）计算出各振型的 ESDOF 的屈服力和屈服强度系数

$$f_{yi} = F_{yi}/\Gamma_i, C_{yi} = f_{yi}/\Gamma_i m_i g \tag{4.99}$$

式中：f_{yi} 为第 i 阶振型等效 SDOF 系统的屈服力；F_{yi} 为第 i 阶振型屈服力；C_{yi} 为第 i 阶振型等效 SDOF 系统的屈服系数；其余符号同前。

2. 各阶模态能量计算

对于各振型 SDOF 系统，确定尼比 ξ 后，由 ξ、T_i、C_{yi} 利用 C_y 反应谱得出各自延性系数 μ_i，然后，用 V_a 反应谱确定各自等效速度 V_{ai} 后，由式（4.100）可计算各自吸收能量

$$E_{ai} = m_i (\Gamma_i V_{ai})^2 / 2 \tag{4.100}$$

等效 SDOF 系统吸收的总能量为

$$E_{aT} = \sum_{i=1}^{2} E_{ai} \tag{4.101}$$

式中：E_{ai} 为结构第 i 阶振型吸收的能量；E_{aT} 为结构吸收的总能量，其余符号同前。

3. 等效 SDOF 系统耗散总能量的计算

等效 SDOF 系统吸收能量可分为两部分：一部分是以可恢复的弹性应变能储存起来，另一部分被结构的阻尼和非弹性应变能耗散。因此等效 SDOF 系统耗散的地震能量为

$$E_D = E_{aT} - E_S \tag{4.102}$$

假定结构的势能为结构第一振型的势能

$$E_S = \frac{2\pi^2}{T_1^2} m_1 \left(\frac{\Gamma_1 D_{S1}}{\mu_1} \right)^2 \tag{4.103}$$

以上各式中：E_S、D_{S1} 分别为第一阶振型 ESDOF 的势能及最大位移，其余符号同前。

4.3.4 各层耗散能量需求及塑性铰的设计

1. 各层能量计算

运用 MPA 求得各层地震能量，MPA 的基本框架为：①对结构进行模态分析确定各阶自振周期 T_i 及振型 ϕ_i，随后分别计算各阶等效 SDOF 系统的参数；②采用 $L_i = M\phi_i s$ 的加载模式对结构进行静力弹塑性分析得到顶点和位移关系曲线；③根据弹塑性反应谱计算出各阶振型等效但自由度的最大位移；利用式 $u_m = \phi_i \Gamma_i D_s$ 求出各阶振型顶点位移峰值；④根据顶点位移峰值等比例缩放各振型的变形反应量，由此求得其他反应量（层间位移角或各层能量等）；⑤最后采用 SRSS 方法计算结构总的地震反应量。

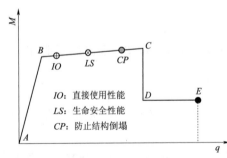

图 4.25 塑性铰状态及抗震性能示意图

图 4.25 为塑性铰状态示意图，图中 AB 区间为弹性阶段；B 点代表塑性铰屈服；C 点代表塑性铰极限承载力；在 BC 区间定义三种不同的性能水平 IO、LS 和 CP 分别代表塑性铰能力水平，分别对应直接使用、生命安全和防止倒塌抗震性能目标，D 点代表塑性铰残余承载力；E 点代表塑性铰完全失效。采用如图 4.25 的抗震性能目标，对 P 层钢框架结构（图 4.29）进行 MPA 得到如图 4.26、图 4.27 所示

分析结果。对于强柱弱梁的框架，地震作用下分为 3 个阶段（图 4.26）：①弹性阶段；②梁端开始出现塑性铰；③柱端开始出现塑性铰。图 4.26 中 A 点对应于结构梁端出现塑性铰，B 点对应结构柱端开始出现塑性铰，第一阶振型出现在底层柱端，第二阶振型出现

在中间某层柱端。图 4.27 为分析得各阶段的各阶振型层间能量分布曲线 Ψ_i，设计时可取为

$$\psi_i = \begin{cases} \psi_{i1}, & DR_i < DR_{ibeam} \\ \psi_{i2}, & DR_{ibeam} \leqslant DR_i \leqslant DR_{ibase} \\ \psi_{i3}, & DR_{ibase} < DR_i \end{cases} \qquad (4.104)$$

式中：DR_{ibeam} 为结构第 i 阶振型中某开始出现第一个梁端塑性铰时，该楼层的层间位移角；DR_{ibase} 为结构第 i 阶振型中某层开始出现第一个柱端塑性铰时，该楼层的层间位移角（二者均由 MPA 得）；DR_1 为结构第一阶振型的底层层间位移角；DR_2 为第二阶振型的最大层间位移角，分别为

$$DR_1 = \frac{D_{s1}\Gamma_1\phi_{11}}{H_1}, DR_2 = \frac{D_{s2}\Gamma_2\phi_{2k} - \phi_{2(k-1)}}{H_k} \qquad (4.105)$$

式中：D_{S1}、D_{S2} 分别为第一、二阶振型等效 SDOF 系统的最大位移；从 D_S 反应谱中确定；ϕ_{11} 为第一阶振型第 1 层分量；ϕ_{2k}、$\phi_{2(k-1)}$ 分别为第二阶振型的第 k、$k-1$ 层分量（本书 $k=7$）；H_1、H_k 分别为第一、k 层的层高。

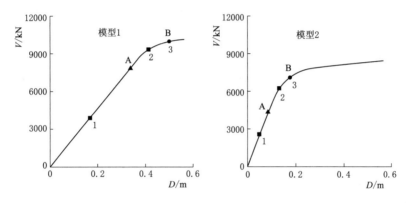

图 4.26　基底剪力与顶部位移关系曲线

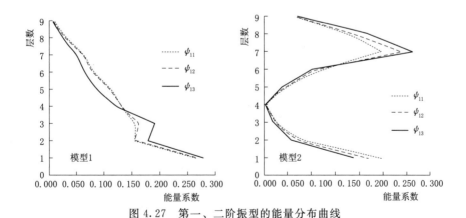

图 4.27　第一、二阶振型的能量分布曲线

确定出 ψ_i 后从图 4.27 中得到各层能量分布系数，各层耗散能量需求

$$E_{\text{DTS}} = \sum_{i=1}^{2} E_{DiS}, E_{DiS} = E_{Di}\phi_{i,S} \qquad (4.106)$$

式中：E_{DTS} 为第 s 层耗散能量需求；E_{DiS} 为第 i 阶振型第 s 层耗散能量需求；$\phi_{i,S}$ 为第 i 阶振型第 s 层耗散能量分布系数。

2. 塑性铰的设计

在结构的适当部位设置塑性铰，使结构形成合理的耗能机制。地震时，假定塑性铰以外的主体框架保持弹性，地震的能量主要由结构黏滞阻尼及塑性铰耗散。

假定塑性铰出现在梁两端，采用理想刚塑性模型、滑移刚塑性模型分别模拟钢梁和钢筋混凝土梁的塑性铰，塑性铰的滞回阻尼特征见表 4.10。

表 4.10　　　　　　　　　　　　钢塑铰滞回阻尼特征

模　　型	ζ_{EDS}	$k_{EDS,j}$
理想刚塑性	$\dfrac{4M_{y,j}\theta_{\max,j}(1-1/\mu_j)}{4\pi E_S}$	$\dfrac{M_{y,j}}{\theta_{\max,j}}$
滑移刚塑性	$\dfrac{2M_{y,j}\theta_{\max,j}(1-1/\mu_j)}{4\pi E_S}$	$\dfrac{M_{y,j}}{\theta_{\max,j}}$

注：$\theta_{\max}$、θ_y 分别为梁端最大转角和屈服转角；$\theta_{\max}=\dfrac{u_{\max}}{h}$。

确定结构各层耗散能量需求 E_{DTS} 后，用式（4.107）计算出结构各层位移后，根据结构抗震性能目标，确定设计迭代收敛值 ε，可进行塑性铰设计，整个设计过程如图 4.28 所示。

$$\Delta_{sj}=D_{s1}\Gamma_1\phi_{1j} \tag{4.107}$$

式中：Δ_{sj} 为第 j 层的楼层位移；ϕ_{1j} 第一振型第 j 层分量，其余符号同前。

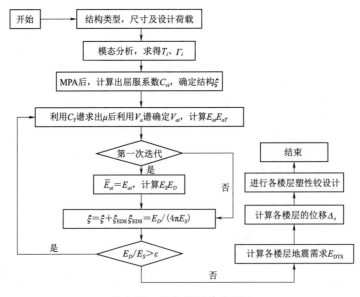

图 4.28　塑性铰设计流程图

4.3.5 算例

某 9 层钢框架（图 4.28），设防烈度为 8 度，设计基本地震加速度为 5.1m/s^2（即 $0.52g$），结构基本参数及构件截面见表 4.21。按照本书的方法进行设计如下。

1. 设计步骤

（1）模态分析得出结构前两阶自振周期分别为 $T_1 = 2.1\text{s}$，$T_1 = 0.8\text{s}$，振型向量见表 4.27。由式（4.98）可得，$\Gamma_1 = 1931.6$，$\Gamma_1 = 709.82$。由 MPA 可得，$DR_{1beam} = 0.99\%$，$DR_{1base} = 1.32\%$，$DR_{2beam} = 1.1\%$，$F_{y1} = 9291\text{kN}$，$F_{y2} = 7226\text{kN}$，由式（4.99）得，$f_{y1} = 4.81\text{kN}$，$f_{y2} = 10.18\text{kN}$，$C_{y1} = 0.25$，$C_{y2} = 1.46$。

（2）根据 $\xi = 5\%$，$C_{y1} = 0.25$，$T_1 = 2.13\text{s}$ 及 $C_{y2} = 1.46$，$T_2 = 0.8\text{s}$。由 C_y 反应谱得 $\mu_1 = 1.27$，$\mu_2 < 1$（此时需对 μ_2 修正：由 $\mu = 1$，$T = 0.8\text{s}$ 从 C_y 反应谱求出 $C_y = 1.03$ 后，求得 $\mu_2 = 1.03/1.46 = 0.7$）。从 V_a 反应谱得，$V_{a1} = 105.8\text{cm/s}$，$V_{a2} = 128.8\text{cm/s}$，由式（4.100）得 $E_{a1} = 2087.8\text{kN}\cdot\text{m}$，$E_{a2} = 418.0\text{kN}\cdot\text{m}$，由式（4.101）

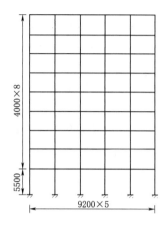

图 4.29　结构示意图
（单位：mm）

得，$E_{aT} = 2505.8\text{kN}\cdot\text{m}$，从 D_S 反应谱可得，$D_{S1} = 36.3\text{cm}$，由式（4.103）得 $E_S = 1326.21\text{kN}\cdot\text{m}$。由式（4.102）得，$E_D = 1179.605\text{kN}\cdot\text{m}$，塑性铰等效阻尼比 $\zeta_{EDS} = E_D/4\pi E_S = 0.07$，结构阻尼 $\xi = \xi + \xi_{EDS} = 0.12$。

（3）重复步骤（2）进行迭代计算见表 4.11。

表 4.11　　　　　　　　　结构基本参数及构件截面

层数	重量 /kN	地震作用 /kN	边柱截面 /(mm×mm×mm)	中柱截面 /(mm×mm×mm)	梁截面 /(mm×mm×mm)
1	5053	21.92	H910×310×24×18	H910×310×24×18	H910×310×24×18
2	5053	58.85	H910×310×24×18	H910×310×24×18	H910×310×24×18
3	5053	111.24	H910×310×24×18	H910×310×24×18	H900×300×20×14
4	5053	178.14	H910×310×24×18	H910×310×24×18	H900×300×20×14
5	5053	258.87	H910×310×24×18	H910×310×24×18	H900×300×20×14
6	5053	352.94	H910×310×24×18	H910×310×24×18	H900×300×20×14
7	5053	459.95	H910×310×24×18	H910×310×24×18	H750×260×18×14
8	5053	579.55	H910×310×24×18	H910×310×24×18	H680×250×16×12
9	3790	533.6	H910×310×24×18	H910×310×24×18	H610×230×16×10

表 4.12　　　　　　　　　结 构 振 型 向 量

层数	1	2	3	4	5	6	7	8	9
$\phi_1/\times10^{-3}$	0.11	0.20	0.28	0.37	0.45	0.53	0.60	0.67	0.71
$\phi_2/\times10^{-3}$	−0.28	−0.45	−0.55	−0.57	−0.47	−0.25	0.09	0.49	0.81

表 4.13 设 计 计 算 迭 代

迭代次数	ζ	μ_1	μ_2	V_{a_1}	V_{a_2}	E_{a_1} /(kN·m)	E_{a_2} /(kN·m)	E_{a_T} /(kN·m)	E_S /(kN·m)	E_D /(kN·m)	ξ_D /%	ϵ /%
1	5	1.27	0.7	105.8	128.8	2087.8	418.1	2505.9	1326.2	1179.6	7	89
2	12	1.1	0.52	87.5	95.3	1429.6	229.1	1658.7	1326.2	332.5	2	25
3	14	1.02	0.48	83.5	87.7	1299.1	193.9	1493.0	1326.2	166.8	1	13
4	15	0.97	0.46	81.3	83.9	1233.9	177.2	1411.1	1326.2	85.02	—	6

(4) 根据 $T_1 = 2.1s$，$T_1 = 0.8s$ 及步骤（3）迭代计算的 $\mu_1 = 0.97$，$\mu_2 = 0.46$，$\xi = 15\%$，由 D_S 反应谱得，$D_{S1} = 27.57 D_{S2} = 10.68 D_{R1} = 1.08\%$，$D_{R2} = 0.18\%$，由式（4.106）得各层的 E_{DiS}、E_{DTS}。由式（4.107）的各层层间位移 Δ_s，结果见表 4.14。根据 E_{DTS}、Δ_s 设计的塑性铰参数见表 4.15。

表 4.14 各层的 E_{DiS}、E_{DTS}、最大位移及层间位移

层数	1	2	3	4	5	6	7	8	9
E_{D1S}/(kN·m)	227.8	133.1	139.1	111.3	92.8	66.5	51.9	25.0	6.5
E_{D2S}/(kN·m)	58.9	17.7	5.7	0.9	11.6	28.2	59.6	41.9	16.3
E_{DTS}/(kN·m)	286.7	150.8	144.8	112.2	104.4	94.7	111.5	66.9	21.8
最大位移/mm	5.93	10.50	15.11	19.81	24.22	28.23	32.05	35.47	37.74
层间位移/mm	5.93	4.57	4.61	4.70	4.41	4.01	3.82	3.42	2.27

表 4.15 塑 性 铰 设 计 参 数

层数	1	2~3	4~7	8	9
M_y/(kN·m)	1159.74	563.16	408.30	334.60	171.51
$\theta_{\max}$	0.02	0.02	0.02	0.02	0.02

2. 设计结果与时程分析法比较

为了验证本书方法的准确性，输入 EL 波采利用 SAP2000 中的 Hilber - Hughes - Taylor 隐式算法进行非线性动力分析，结果同本书方法结果比较。主要进行了 4 种情况下的比较：①5%阻尼主框架；②阻尼增大为 15%主框架；③装有耗能装置的框架；④带有钢支撑的钢框架。分析结果如图 4.30 所示。

图 4.30 给出了 4 种情况下 NLTHA 所得的塑性铰分布图。从图 4.30 可以看出，情况①时，梁端形成了 53 个塑性铰（42 个为 LS 状态，11 个 IO 状态），底层柱端形成了 3 个 IO 状态的塑性铰。情况②时，梁端形成 7 个塑性铰（其中 6 个为 LS 状态，1 个为 LS 状态），柱端无塑性铰形成。情况③时，主体结构没有形成塑性铰，处于弹性阶段，地震能量由 EDDS 耗散。情况④时所有钢支撑都出现了 E 状态塑性铰，梁端出现了 25 个 IO 状态塑性铰，柱子底部出现了 2 个 IO 状态塑性铰，进一步验证了本文方法的实用性及耗能装置的有效性。

表 4.16 给出了情况①、情况②时，非线性动力分析得最大结构吸收能量 $E_{a,\max}$ 与本书方法求得的能量 E_{at} 比较，从表 4.16 可知，两种方法误差分别为 6%和 3%，由于耗能装置沿结构的高度根据最大的耗散能量需求设计，地震时各层不可能同时最大。因此，本书方法计算较 NLTHA 结果大，较保守。

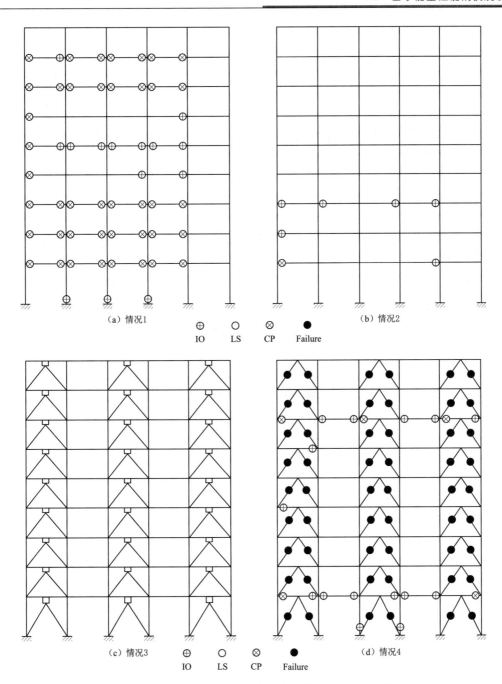

图 4.30 非线性动力分析框架塑性铰分布图（4 种情况）

表 4.16   NLTHA 分析所得最大能量与本书方法结果的比较

情况	NLTHA	本 书 方 法			误 差
	$E_{a,max}/(kN \cdot m)$	$E_{a1}/(kN \cdot m)$	$E_{a2}/(kN \cdot m)$	$E_{aT}/(kN \cdot m)$	$(E_{aT}-E_{a,max})/E_{a,max}$
1	2356	2087.8	418.1	2505.9	0.06
2	1364.5	1233.9	177.2	1411.1	0.03

第5章 减隔震结构基于性能的抗震设计

随着社会的发展，诸如计算机，通信、电力以及医疗等某些高、精、尖技术设备进入建筑，如何保证地震发生时这些技术设备能正常运行而不致因建筑结构反应使其破坏，引起或加重次生灾害。在基于性能抗震设计中，为了实现业主或社会对结构抗震性能的这种要求，采用传统的结构体系很难满足。此时，必须对结构振动进行控制，提高结构在未来地震时的性能，以达到预先确定的目标。对结构振动控制可分为：被动控制、主动控制、半主动控制和混合控制。其中，由于被动控制不需要外部提供能量，而依靠结构构件之间、结构与辅助系统之间相互作用消耗振动能量，从而达到减振的目的。因此被动控制中的隔震、减震技术在在实际中广泛应用。

5.1 减隔震技术的应用

5.1.1 基础隔震技术应用

基础隔震是在结构物地面以上的部分的底部设置隔震层，使之与固结于地基中的基础顶面分开，限制地震动向结构物的传递。大量实验研究表明：合理的结构隔震设计，一般可使结构的水平加速度反应降低60％左右，从而可以有效的减轻结构的地震破坏提高建筑结构的抗震性能。

基础隔震原理可以用建筑物的地震反应谱进一步深入阐明。图5.1给出了普通建筑物的加速度反应谱和位移反应谱。一般中低层钢筋混凝土建筑物刚性大、周期短，所以进入

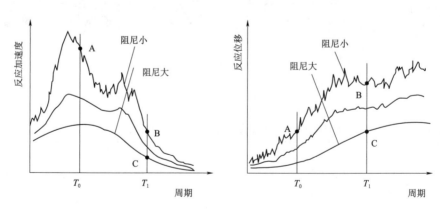

图5.1 基础隔震减小地震反应原理

建筑物的加速度大，而位移反应小，如图中 A 点所示。首先，由于隔震层具有很小的侧移刚度，大大延长了结构物的周期，假定保持阻尼不变，从而加速度反应被大大降低，位移反应却有所增加，如图中 B 点所示；其次，隔震层具有较大的阻尼，加速度反应继续减弱，位移反应得到明显控制，如图中的 C 点所示。

常见的隔震系统包括叠层橡胶支座隔震系统、滑动支座隔震系统、滚动隔震系统、摆动隔震系统、柱套柱隔震系统以及混合控制隔震系统等。这些隔震系统除用于桥梁、建筑的抗震设计、加固维修以外，还用于核电站、工业设备等的抗震设计。

叠层橡胶隔震系统。用天然橡胶或者人工合成橡胶做橡胶垫，为提高其竖向刚度，橡胶垫一般由橡胶片与薄钢板叠合而成，为防止钢板生锈，将钢板边缩入橡胶内，如图 5.2 所示。橡胶垫在竖向荷载的作用下，橡胶的剪切刚度限制钢板间的橡胶片外流。橡胶层厚度越小，承受竖向荷载的能力越强，竖向刚度和侧向刚度越大。

橡胶垫的水平刚度一般为竖向刚度的 $1/1000 \sim 1/500$，且有明显的非线性特性（图 5.3）。小变形时，由于刚度较大，对抗风性能十分有利。可以保证建筑物的正常使用功能；大变形时，橡胶的剪切刚度下降，只有初始刚度的 $\frac{1}{6} \sim \frac{1}{4}$，可以大大降低结构自振频率，减小振动反应。当橡胶垫的剪应变超过 50% 后，刚度又逐渐回溯，气到了安全阀的作用，对防止建筑物的位移有好处。

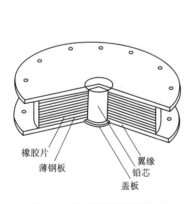

图 5.2 叠层橡胶隔震装置

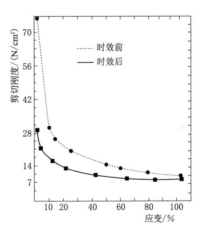

图 5.3 橡胶剪切刚度-应变关系

滑移隔震系统。滑移隔震技术是开发应用最早的技术之一。20 世纪 70 年代后期，国内外学者开始对滑移隔震的方法展开了多方面的研究和应用。我国自 20 世纪 80 年代后期以来，进行了一系列滑移隔震的研究，在大理、西安、独山子、西昌、太原等地都建造了滑移隔震的房屋。

滑移隔震是在上部结构与基础之间设置可以相互滑动的薄板。风荷载或小地震时，静摩擦力使结构固结于基础之上。大震时，结构水平滑动，通过摩擦阻尼耗散地震能量减小地震作用。为了控制滑板间的摩擦力以满足隔震要求，通常在滑板间加设滑层。常用的滑层材料有聚氯乙烯板、砂粒、铅粒、滑石、石墨等。

滚动隔震系统有滚轴和滚珠隔震两种。1966 年日本松下清夫提出了一项滚轴隔震专利，如图 5.4 所示。该装置是在基础与上部结构之间设置上下层彼此垂直的滚轴，滚轴在椭圆形的股沟槽内滚动，因而此装置基于自己复位的能力。

墨西哥工程师 Flores 设计了一种滚珠隔震装置，在一个直径约为 50cm 的高光洁度的钢盘内安放 400 个直径为 0.97cm 的钢珠，钢珠用钢箍圈住不致散落，上面再覆盖钢盘，如图 5.5 所示。该装置已用于墨西哥城内一座五层钢筋混凝土框架结构的学校建筑中，安放在房屋底层柱脚和地下室柱顶之间。为保证不在风荷载作用下产生过大水平位移，在地下采用了交叉钢拉杆风稳定装置。

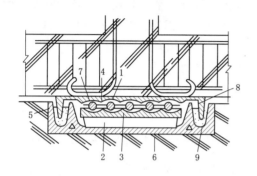

图 5.4　双排滚轴隔震装置

1—上部滚轴群；2—下部滚轴群；3—弧形沟槽
状中间板；4—钢制连接件；5—销子；6—底盘；
7—盖板；8—盖板向下突壁；9—散粒物

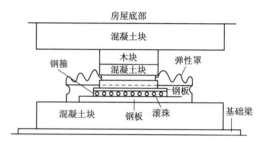

图 5.5　滚珠隔震装置

图 5.6 是一种摇摆隔震系统，在杯型基础内设置一个上、下两端有竖孔的双圆筒摇摆体。竖孔内穿预应力钢丝束并锚固在基础和上部盖板上，起到压紧摇摆体和提供复位力的作用。在摇摆体和基础之间填充沥青或散粒物，可以为振动时提供阻尼。我国山西省的悬空寺、俄罗斯塞瓦斯托波尔建成的两栋实验性 8 层楼房，都采用了类似原理。日本松下清夫通过试验证实这种装置隔震效果达 60％以上。

1981 年松下清夫与和泉正哲共同设计了一栋 17 层东京理科大学一号馆，劲性混凝土结构，在地下层采用柱套柱，内柱为砂浆填实的方钢管，外柱为钢筋混凝土，内柱与外柱间包有一层缓冲材料，这样，内柱可在有限范围内摆动，在外套柱钢筋混凝土与地上一层底梁的底面之间设有钢筋阻尼器，如图 5.7 所示。

混合控制隔震系统则是发挥被动控制和主动控制的综合优势，将叠层橡胶支座与电、磁流变（ER，MR）阻尼器等主动控制装置（或称智能阻尼器）或主动控制装置混合在一起使用，即使隔震系统上部结构的地震加速度反应和层间变形很小，又使隔震层不发生大位移。由于该照震系统的主动作动器需要的能量小、适应性强、控制效果好，被认为是有发展潜力的新一代隔震系统。2000 年，世界上第一座智能混合隔震建筑在日本 Keio 大学建成，这幢办公和实验大楼采用了变孔径半主动阻尼器和隔层橡胶支座作为地震防护系统。2003 年，40t 磁流变（MR）阻尼器被安装在日本的一栋住宅楼上，它与叠层橡胶支座、铅阻尼器和油阻尼器一起为结构提供良好的防震保障。

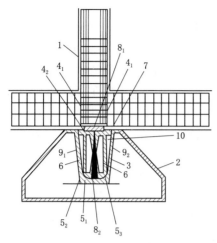

图 5.6 摇摆式隔震支座

1—柱子；2—杯形基础；3—隔震支座；

4_1、4_2—上部承台；5_1、5_2、5_3—下部承台；

6—摇摆倾动体；7—预应力钢丝索；8_1、8_2—

锚具；9_1、9_2—基础壁体；10—粒状填充料

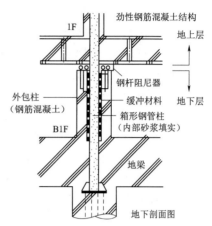

图 5.7 东京理科大学一号馆柱套柱结构

5.1.2 结构耗能减震技术及应用

结构耗能减震的技术是在结构适当的部位（如支撑、剪力墙、节点、联结缝等）设置耗能（阻尼）装置（或元件），通过耗能（阻尼）装置产生摩擦、弹塑性滞回变形来耗散或吸收地震输入的能量，以减缓主体结构的损伤。耗能（阻尼）装置可依据不同的材料、不同耗能机理和不同构造来设计制造。目前研发的耗能（阻尼）器可大致分为位移相关型、速度相关型和混合型；按照材料分为金属耗能器、黏弹性阻尼器和黏滞阻尼器；按耗能机理可分为摩擦耗能器、弹塑性耗能器、黏弹性阻尼器、黏滞阻尼器和电（磁）感应式耗能器。耗能器可以增加结构的刚度和阻尼，减少地震作用所引起的结构地震动力响应。

金属耗能阻尼器是利用金属不同形式的弹塑性滞回变形来耗散地震能量。目前开发利用的主要有，扭转梁耗能器、弯曲梁耗能器、U 形钢板耗能器、钢棒耗能器、圆环耗能器、双圆环耗能器、加劲圆环耗能器、X 形和三角形耗能器等。金属耗能器中的无黏结支撑在日本、中国台湾和美国都得到推广和应用。低屈服点软钢耗能器、蜂窝状耗能器在日本多栋建筑中得到应用。台湾金华休闲购物中心采用三角形加劲耗能装置，共 270 组。在地震（$PGA = 0.39$）作用下，最大层间位移满足规范要求。潮汕星河大厦为地下 1 层，地上原设计 22 层，施工过程中按业主要求增加至 25 层，28 组金属耗能器，提升了结构抗震性能，大震作用下，顶层和层间位移均满足要求。2000 年，日文新住友医院，采用低屈服剪切板耗能器进行结构减震控制，结构层间位移减小 30%，控制效果明显。

摩擦阻尼器是应用较早和较为广泛的阻尼器之一。摩擦阻尼器是一种位移相关的阻尼器，利用两块固体之间相对滑动产生摩擦力来耗散能量。1997 年吴波等利用摩擦阻尼器加固了东北某政府大楼；欧进萍、吴斌等对 T 字芯板摩擦阻尼器和 T 字芯板拟黏滞摩擦耗能器的工作原理进行了研究，并将其分别应用于云南洱源振戎中学食堂和教学楼，结构

抗震性能得到明显改善。

黏弹性阻尼器是一种速度相关型耗能装置，以夹层方式将黏弹性阻尼材料和约束钢板组合在一起，其工作原理是黏弹性材料随约束钢板往复运动，通过黏弹性阻尼材料的剪切滞回变形来耗散地震能量。世界上第一个应用黏滞阻尼器来减小结构风致振动的是 1969年美国的世贸中心双塔楼高层建筑，每个塔楼装有 1000 个黏滞阻尼器。随后，1982 年和1988 年在美国的西雅图又先后建成了安装有 260 个和 16 个大型黏滞阻尼器的哥伦比亚中心大楼和 Two Square 大楼，这些都是用来进行风致振动控制。黏弹性阻尼器除应用于新建结构振动控制外，还可以应用于已有结构抗震加固。

黏滞阻尼器是一种速度相关型的耗能装置，利用液体的黏性提供阻尼来耗散地震能量，黏滞阻尼器的显著特点是只提供阻尼，而不改变结构刚度。黏滞阻尼器早先就在航天、机械、军事等领域得到应用。最早应用于土木工程上是在 1974 年的桥梁结构上。之后，在房屋的基础隔震、管网、抗震加固、房屋抗风和抗震的设计中得到应用。1998 年北京火车站候车大厅主体结构抗震加固中应用了美国 Taylor 公司生产的粘滞油缸阻尼器；1992 年日本静冈市建成的 15 层 Sut - Building 建筑上采用黏滞阻尼墙，提供了 20％～30％的阻尼比，减小了 75％～80％的地震反应。南京奥体中心观光塔塔身顶点标高为110.2m。由于风振和地震影响较大，在高度为 88.1～105.7m 之间设置了 30 个黏滞阻尼器。结构性能提高，抗风振和地震效果良好。北京奥林匹克公园国家会议中心，因第 4 层为 60m×81m 大跨结构，在外荷载作用下引起的振动加速和位移幅值较大，故经优化设计，布置了 72 套黏滞阻尼器和 TMD 系统组成的减振装置，效果十分明显。

5.2　减隔震装置特性及性能标准

减隔震装置种类繁多，根据本质特征可以分为三类。第一类为简单支座，设计时不考虑减小和控制地震响应，主要用于桥梁和建筑结构需要相对位移并传递相对较小的水平荷载，通常情况下支座置于两个面的接触处，接触面覆盖地摩擦材料或低刚度垫层。制作承受竖向荷载，通过摩擦或适度黏性阻尼耗散地震能量，然而不能控制水平位移和地震能量耗散。不具有自复位能力，在实际工程中常与附加装置配合使用。第二类为既承受竖向荷载同时还可以控制减小水平地震响应，主要通过设计适当刚度、耗能能力、等效屈服位移、等效屈服强度、屈服后刚度、极限位移（或者延性水准）以及卸载刚度等来实现。第三类不考虑承受竖向荷载，只用来控制结构水平地震响应，设计性能参数与第二类相同，可以利用其他类型的支座隔震也可以利用其他装置实现。

1. 减隔震耗能元件的性能

为了满足结构性能设计需求，进一步了解对减隔震装置的主要性能，对其各主要性能进行定义和简述。

（1）承受重力的性能。对于阻尼器而言，一般不承受重力荷载可与支座组合使用。然而，在隔震结构中隔震支座须承受重力荷载，其承受重力的性能严重影响其水平力学参数（如：水平刚度等），给设计带来一定的限制。

（2）位移性能。在基于位移设计中位移是最基本参数。显然对于不同的结构性能和位移，需要考虑减隔震装置不同位移性能。但是，结构设计基本原理要求在罕遇地震下，减隔震装置可能达到的最大位移须小于其许可位移。

（3）水平承载力。为了保护结构其他构件，在允许范围内，减隔震装置的水平承载力尽可能小，为了增大减隔震耗能装置的耗能能力，其水平承载力尽可能大。因此，实际设计时减隔震装置须有合理的水平承载力。

（4）等效割线刚度。主要由装置设计性能对应的极的限状态决定。在实际设计时装置的允许位移水准决定了其需求水平强度和最终等效周期。

（5）等效黏滞阻尼。由减隔震元件的滞回曲线所围成的面积确定，隔震支座滞回面积较小，减震元件滞回面积较大，随着自复位性的要求，阻尼减小。一般情况下，隔震结构总体阻尼由隔震支座阻尼和主体结构阻尼合成，较减震结构的阻尼小得多。

（6）复位性能。在震后结构性能评估时，复位性能事主要的指标参数，在双线性元件中，主要由屈服后的刚度决定。随着屈服后刚度的增加，元件的耗能性能（阻尼比）减小，复位性能增加。

（7）屈服后性能。大多数情况下耗能元件为非线性响应。因而，定义一个等效的屈服点后力与位移关系曲线为双线性。屈服后的刚度影响结构的复位性能，屈服后刚度越大，其复位性能越好。若单从耗能的角度保护主体结构考虑屈服后刚度越小越好。

（8）进入极限状态后的性能。由于结构出现软化、硬化、类刚体碰撞和整体倒塌等现象后会导致完全不同的结果。根据实际的性能应高于预期各种情况的性能需求，因此应该采用不同的安全系数。

除以上述情况外，还包括轴力的变化、发热、工作环境和服役时间等因素性能的影响。

当前，橡胶支座是世界上研究和应用最多、技术成熟的隔震技术。在此主要介绍叠层橡胶支座和铅芯支座的下其力学性能。叠层橡胶支座的竖向承载力

$$W \leqslant A' G_R S \gamma \qquad (5.1)$$

式中：W 为重力容许值；A' 为支座最大位移时，顶部和底部重叠最小面积通常为支座面积 $1/2$；G_R 为橡胶抗剪模量一般约为 1MPa；S 为形状系数，单层橡胶受荷面积与自由侧面积的比值，圆柱支座，$S = D/(4t)$，其中，D 为支座的直径，t 为单层橡胶厚度；γ 为剪切应变容许值一般约为 1。

对于圆形截面的支座，竖向荷载作用下，最大平均应力为

$$f_{ave,max} = \frac{G_R D}{8t} \qquad (5.2)$$

对于常见几何尺寸的支座最大应力容许值为 10MPa，最大位移可以通过支座的直径和高度控制

$$\Delta_{max} \leqslant D/2 \text{ 或 } \Delta_{max} \leqslant h \qquad (5.3)$$

式中：h 为橡胶支座的高度。

由式（5.2）和式（5.3）可知，支座的纵横比 $h/D > 0.5$ 时，最大位移主要由垂直应力 f 和单层橡胶厚度 t 控制

$$\Delta_{max} \leqslant \frac{4tf}{G_R} \qquad (5.4)$$

因此，叠层橡胶支座在竖向承载力和最大水平位移选择时受到极大限制。在水平荷载作用下，其响应基本为线性的，水平刚度为

$$K_b = \frac{G_R A}{h} \tag{5.5}$$

叠层橡胶支座的竖向刚度一般为其水平刚度的 500～1500 倍。由于叠层橡胶的阻尼性能较低，不能达到隔震、减震的目的。因此在普通叠层橡胶支座的中心插入铅芯，以改善橡胶支座阻尼性能，形成铅芯橡胶支座。铅芯橡胶支座的初始水平刚度约为相同几何尺寸叠层橡胶的 10 倍，等效阻尼比为

$$\zeta_{hyst} = \frac{2}{\pi}\left(1 - \frac{1}{\mu}\right)\frac{V_y}{V_u} \tag{5.6}$$

式中：μ 为支座延性系数；V_y、V_u 分别为支座的屈服抗剪承载力和极限抗剪承载力。

2. 设计性能水准

虽然减隔震结构的设计原理和方法与一般普通结构相同，但是由于其特殊性，需对一些问题进行研究。

（1）设计位移。减隔震结构位移由主体结构位移和减隔震元件位移组合而成。由于耗能元件的作用，整个地震过程中主体结构一般被假定始终处于弹性阶段。耗能装置耗散地震能量使结构的屈服位移减小，因而结构的设计位移和极限状态相关性不大。因而正常使用极限状态结构的位移与结构无损伤位移限值一致。

隔震支座的位移性能与损伤控制和结构临近倒塌极限状态有关，一般考虑到隔震支座元件的性能和结构整体位移两个因素。

（2）等效黏滞阻尼。减隔震结构的阻尼包括减隔震元件滞回阻尼和结构阻尼两部分。对于隔震结构（建筑和桥梁）参照 4.1.2 中柔性地基对结构阻尼影响的方法，可以按式（4.38）至式（4.40）各式计算。但对于主体结构和耗能元件的位移需求接近时，结构等效黏滞阻尼

$$\xi_e = \frac{\sum M_{Di}\xi_{Di}}{M_{OTM}} \tag{5.7}$$

式中：M_{Di} 为第 i 个阻尼相联构件的倾覆力矩；ξ_{Di} 为第 i 个阻尼器的阻尼；M_{OTM} 为结构总倾覆力矩。

5.3　减隔震结构基于位移的设计

5.3.1　刚性结构隔震

当主体结构的自振周期远小于隔震结构的自振周期时，可以将隔震层以上的主体结构假定为刚体。这种情况适用 1～2 层的建筑结构、混凝土容器（要考虑隔震结构响应与容器中的液体晃动的相互作用影响）、核反应堆结构等。这种情况下，可以把整个隔震看作SDOF 系统，自振周期和阻尼由上部结构质量和隔震系统及其预测位移和剪力需求。一般情况当隔震结构的第一自振周期为上部结构第一自振周期 3 倍以上时，可以将上部结构看

作刚体。设计时可以将上部结构和隔震系统分开设计，在非线性动力分析时合并在一起。多层结构隔震时，要考虑高阶模态效应对结构的影响。在初步设计时，对非地震作用（荷载）进行组合，或者考虑重力荷载的 $5\%\sim10\%$ 为水平剪力进行组合。在初步设计时估算了上部结构总质量，需要考虑到结构底层由于需要放置隔震系统而增加的质量，但是增加的质量对隔震结构的影响不大。在设计烈度地震作用下，由于隔震系统过滤作用，上部结构保持为弹性，其底部抗剪承载力在设计最后阶段作为校核隔震系统限制条件，若隔震系统在底部剪力作用下的最大位移大于限值，需要对抗剪承载力进行修正，重新设计上部结构。结构非线性位移如图 5.8 所示。

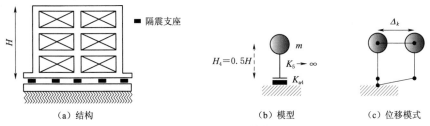

（a）结构　　　　　　　　　　（b）模型　　　　（c）位移模式

图 5.8　隔震刚性结构

隔震系统可以按照第 4 章中的 SDOF 系统方法、步骤进行设计，可以利用如图 5.9 所示的位移反应谱进行，结构用割线刚度和等效阻尼来描述。在确定设计反应谱时，需要考虑场地的影响，可以增大位移需求。设计时首先需要选择隔震系统的位移，作为反应谱变量和功能需求（比如：结构和基础的相对位移限值）。

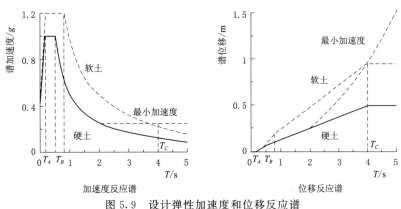

加速度反应谱　　　　　　　　　　位移反应谱

图 5.9　设计弹性加速度和位移反应谱

确定了隔震系统的设计位移和等效阻尼比之后，即为隔震结构总的等效阻尼比，可以从反应谱上得到结构振动周期，根据式（4.1）和式（4.2）可计算出结构的等效刚度和底部剪力。底部剪力作用于 SDOF 系统质心如图 5.8 所示，由此产生了底部剪力、弯矩及轴力，考虑高阶模态效应，在隔震结构设计时需要对底部剪力适当放大。

1. 设计位移

选择设计位移时应该考虑实际位移反应谱，位移反应谱为场地地震和功能需求的函数。应注意以下两点：一是在地基和底层之间的隔震层会产生很大位移；二是位移极限与材料应变极限不相关。位移限值必须考虑穿过隔震层机电设施的要求。若位移不等于设计反应谱中转角周期（$T_{c,\xi}$）对应的位移，比如小于转角周期（$T_{c,\xi}$）对应的位移，可以按照如前所述常用的方法设计。如图 5.10 工况 1 所示。T_d 可以从位移谱中得到后，利用式（5.8）和式（5.9）可以求得 $k_{d,e}$ 和 V_{Base}

$$k_{d,e} = \frac{4\pi^2 m_e}{T_d^2} \tag{5.8}$$

$$V_{Base} = k_{d,e} \Delta_d \tag{5.9}$$

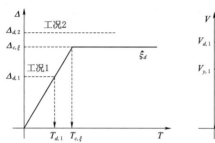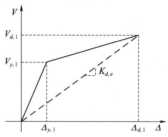

图 5.10 位移反应谱及理想双线形力位移关系曲线

当位移需求大于转角周期（$T_{c,\xi}$）对应的位移，则设计位移为（$\Delta_{c,\xi}$），如图 5.10 工况 2 所示，自振周期无法确定，只知道

$$T_{d,e} \geqslant T_c \tag{5.10}$$

$$k_{d,e} \leqslant \frac{4\pi^2 m_e}{T_d^2} \tag{5.11}$$

$$V_{base} \leqslant \frac{4\pi^2 m_e}{T_c^2} \Delta_{c,\xi} \tag{5.12}$$

可以用来预测在设计地震下，结构的位移确实达到了转角周期（$T_{c,\xi}$）对应的位移，对结构安全评估关系不大。较大的等效刚度和抗剪承载力，意味着较小的最大位移，因此，结构位移需求可大于 $\Delta_{c,\xi}$ 时，只需隔震系统的抗剪承载力小于上部结构屈服抗剪承载力即可，保证上部结构处于弹性阶段。

2. 等效阻尼

基于能量相等求等效阻尼比的方法本质是根据结构在一个周期内耗散的能量与黏滞阻尼在一个周期内耗散的能量相等来进行等效。可利用式（3.24），对于不同的隔震系统采用不同计算公式。表 5.1 给出了各种隔震和减震装置的等效阻尼比范围。

表 5.1 各种隔震和减震装置的等效阻尼比

装置	等效阻尼比范围 /%	$\Delta_{d,\xi}/\Delta_{d,0.05}$ /%	
		标准输入	近场地震
LDRB	0.05～0.07	90～100	95～100
HDRB	0.15～0.12	60～65	75～80
LRB	0.2～0.3	45～60	70～75

装置	等效阻尼比范围 /%	$\Delta_{d,\xi}/\Delta_{d,0.05}$ /%	
		标准输入	近场地震
FPS	0.15～0.25	50～65	70～80
金属阻尼器[1]	0.2～0.3	45～60	70～75
黏滞阻尼器[1][2]	0.4～0.5	35～40	60～65

注 (1) 表示隔震系统采用低摩擦隔震垫。

(2) 表示可能产生较大残余位移。

在确定结构质量后,根据式(5.8)至式(5.12)得结构底部剪力

$$\phi_s V_{base} = \phi^0 V_{base} \tag{5.13}$$

式中:ϕ^0 为隔震系统的强度增大系数,考虑系统传递最大剪力的不确定性。对于摩擦隔震,其值较大。一般情况下,合理的取值在 1.2～1.25 之间;ϕ_s 为强度折减系数,取值范围在 0.9～1.0 之间。

上部结构在设防烈度地震动下于弹性阶段,不用增加结构性能设计和强度折减系数,只需考虑高阶模态效应的增大系数 ω,刚性结构也十分必要。对于高阶模态效应,通常可采用时程分析法和模态叠加法确定。在将底部剪力合理分配后,对构件进行弹性设计,通常情况下,可采用开裂后的刚度,选取适当侧向加载模式进行结构静力分析。

3. 算例

某两层框架结构,位于高烈度区,初步设计考虑重力荷载和 10% 的重力荷载作为水平剪力,柱子截面均为 400mm×400mm,梁的截面为 400mm×600mm,地震弹性位移反应谱如图 5.11(a)所示,拐点周期 $T_c = 3.15s$,对应位移为 315mm,非近场地震。结构的总重量为 4600kN(包括底层的重量),根据对残余位移的需求,采用残余位移较小的高阻尼橡胶隔震支座,黏滞阻尼系数 $\xi_d = 0.17$ 的设计位移谱由式(3.27)得

$$\Delta_{T,17} = \Delta_{T,5} \cdot \left(\frac{0.07}{0.02+0.17}\right)^{0.5} = 0.609\Delta_{T,5}$$

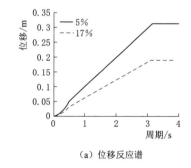

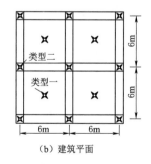

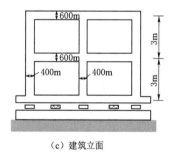

(a)位移反应谱 (b)建筑平面 (c)建筑立面

图 5.11 算例反应谱及建筑示意图

对应拐角周期的最大位移需求为,$315 \times 0.609 = 191mm$。运用式 $\theta_y = 0.5\varepsilon_y \dfrac{L_b}{h_b} = 0.5 \times 0.002 \times \dfrac{6}{0.6} = 0.01$(对于钢筋混凝结构 $\varepsilon_y = 0.2\%$),假定计算有效高度为 4.2m

$(0.7H)$。屈服位移为 $\Delta_y = 42mm$，位于拐角位移的 $1/5$ 范围内，在基础设计时可以忽略此位移，但是最后设计时应该考虑。设计的最大位移为，$\Delta_{max} = 200mm$，隔震支座直径和高度应分别满足，$D \geq 2\Delta_{max} \approx 400mm$，$h \geq \Delta_{max} \approx 200mm$。

由图 5.11（a）可知，屈服位移大于拐角周期 T_C 对应的位移，故 $T_{d,e} = 3.15s$，

$$K_{d,e} = 4\pi^2 m_e / T_{d,e}^2 = 4\pi^2 \times \frac{4600}{9.81 \times 3.15^2} = \frac{1866kN}{m}, \quad V_{base} = K_{d,e}\Delta_d = 1866 \times 0.2 = 373kN,$$

此剪力值约为结构总重量的 8%，小于初步设计时的 10% 结构总重量，上部结构在地震作用下处于弹性状态（$\phi^0 = 1.1$），有于结构总共只有两层，可以不考虑高阶振型效应。

假定 4 个隔震支座的性能完全相同，$K_{d,i} = 1866/4 = \frac{466kN}{m}$，$V_{d,i} = \frac{373}{4} = 93kN$，每个支座承受的重力荷载为，$P_{d,i} = \frac{4600}{4} = 1150kN$，隔震支座承受的压应力为，$f_{p,i} = \frac{1150}{200^2\pi} = 9.15MPa$。运用式（5.2）可计算出每层橡胶的厚度 $t = 5.4mm$，运用式（5.5）可得，$G_R = 1MPa$，橡胶支座最小高度为，$h_{min} = \frac{G_R A}{K_{d,i}} = \frac{200^2\pi}{466} = 270mm$，大于 200mm 符合设计要求。因此，本算例的隔震系统可以采用 4 个直径为 400mm，高度为 270mm，阻尼比 $\xi_d = 0.17$ 的高阻尼橡胶支座。上部结构在地震作用下产生的弯矩为 $M_{OTM} = 373 \times 4.2 = 1567kN \cdot m$，每个支座轴向力的变化为 $\Delta P_{d,i} = \frac{1567}{6 \times 2} = 131kN$，大约为上部结构总重量的 10%。

5.3.2　柔性结构隔震

上部结构自振周期大于隔震结构自振周期 $1/3$ 时，不能看作刚体。这时，基于位移需求来验证"有效刚度"而非周期比。通过比较上部结构屈服位移和隔震结构的位移需求；若隔震结构的位移需求还未确定，可选取给定阻尼比（$\zeta_e = 0.2-0.25$）的位移谱拐角周期位移、周期约为 3s（或隔震结构预设周期）对应的反应谱位移较小值与上部结构屈服位移对比来完成。一般情况下上部结构的屈服位移不大于隔震系统位移的 10% 时，才能认为是刚体。基于位移设计时与普通框架设计相似，将整个结构等效为 SDOF 系统。

隔震系统可以看作是关键构件，须经历弹塑性变形耗散地震能，而上部结构一般保持弹性，因此一般采用线性位移形态来确定各层位移。对于较低的框架（小于 4 层）可以按照线性位移形态计算

$$\theta_y = k\varepsilon_y \frac{L_b}{h_b} \tag{5.14}$$

式中：θ_y 为屈服位移；ε_y 为钢筋混凝土中钢筋的屈服变形；L_b、h_b 分别为钢筋混凝土框架梁的跨度和截面高度；k 为无量纲系数，对于混凝土框架取 0.5，对钢框架取 0.65。对于较高的框架结构，可以采用改进的弹性位移形态。对于悬臂剪力墙，在高度 H_j 处的屈服位移为

$$\Delta_{yj} = \frac{\varepsilon_y}{l_w} H_j^2 \left(1 - \frac{H_j}{3H_n}\right) \tag{5.15}$$

式中：l_w 为剪力墙的长度；H_j 为楼层的高度；H_n 为结构高度。

结构的等效高度为

$$H_e = \sum_{j=1}^{n} m_j \Delta_j H_j \bigg/ \sum_{j=1}^{n} m_j \Delta_j \tag{5.16}$$

值得注意的是，计算得到结构等效高度不得小于非隔震结构的等效高度，否则将导致位移集中于结构底部隔震层。采用线性位移形态计算结构等效高度处的位移满足设计需要，上部结构的设计位移 $\Delta_{d,es}$，应该在计算得到屈服位移值的 $80\%\sim90\%$ 之间。这主要是考虑到由于隔震系统需抗剪强度增大和为保护结构对承载力的增大两个因素。隔震系统的位移用 $\Delta_{d,i}$ 表示，则隔震结构的总的位移为 $\Delta_{d,sys} = \Delta_{d,es} + \Delta_{d,i}$，设计的第一步为选择合理的 $\Delta_{d,sys}$ 值。$\Delta_{d,i}$ 主要取决于置于隔震系统的底层楼板周围可能预留的缝隙及与建筑连接的机电设施由此产生需求。一般情况下，结构自振周期越长、结构刚度越低、底部剪力需求越低，位移越大。如图 5.12 所示，结构总位移形态是隔震系统和上部结构变形沿高度分配的形态的组合。

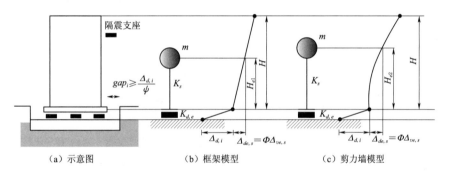

图 5.12　隔震结构位移形态

在结构初步设计时，隔震系统位移和上部结构位移已确定，结构总体等效黏滞阻尼比按照（4.1.2 中柔性基础相关内容）进行确定，也就意味着假定等效黏滞阻尼值被分配给上部结构和隔震系统。对于上部结构，由于设计要求在地震作用下处于弹性阶段因此，$\xi_{e,s}$ 为 0.05，对于隔震系统，$\xi_{e,i}$ 为 $0.2\sim0.3$，结构总体的黏滞等效阻尼为

$$\xi_{e,sys} = \frac{\xi_{e,s}\Delta_{d,es} + \xi_{e,i}\Delta_{e,i}}{\Delta_{d,es} + \Delta_i} \tag{5.17}$$

若隔震结构由于隔震系统影响位移过大，隔震系统耗散地震能量控制结构位移的效果会降低。根据得到的结构总的等效黏滞阻尼，利用式（3.27）计算位移反应谱折减系数。

确定结构的设计位移和等效阻尼比后，运用调整好的位移反应谱，根据设计位移便可得到结构等效周期，进而得到结构等效刚度，但是隔震结构等效质量比上部结构等效质量大，由于变形主要集中在隔震系统，因此等效质量为

$$m_e = \frac{\sum_j m_j \Delta_j}{\Delta_{d,sys}} \tag{5.18}$$

式中：m_j、Δ_j 分别为第 j 层质量、总位移（包括楼层位移和隔震系统位移）；$\Delta_{d,sys}$ 为等效隔震结构的总位移。

在确定结构等效质量和等效周期后，根据式（5.9）可以计算结构底部剪力设计值，隔震系统设计需要考虑上部结构总重量、抗剪承载力、刚度，等效阻尼等参数与第一种情况相似。设计完成后需要采用时程动力分析法进行校核验证。

底部剪力分配及结构设计，除了需要考虑高阶振型效应外，其余步骤与第一种情况基本相同，采用动力增大系数 ω 对于每种作用或者荷载向量，采用时程分析进行设计校核，高阶振型效应会自动考虑，若没有采用时程分析，需要采用模态叠加法来考虑高阶振兴效应。

算例：建筑平面如图 5.13（a）所示，总共 6 层，层高 2.8m，包括屋顶在内的楼层重量均为 3000kN，结构由边界墙，内部支柱和楼板组成，不考虑其对两个方向的抗侧力，沿 Z 向两片剪力墙的长度分别为 $l_{w1}=8$m，$l_{w2}=4$m；沿 X 方向两片剪力墙长度分别为 $l_{w3}=6$m，$l_{w4}=6$m；剪力墙的宽度为 250mm。采用隔震减轻结构非结构构件损伤在第二设计水平（损伤控制）。5% 阻尼比的位移反应谱如图 5.13（b）所示。结构的响应假定为弹性，超强系数 $\phi^0=1.25$，目的是保护隔震系统的底部剪力设计值安全保护。

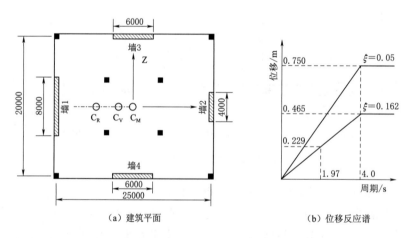

（a）建筑平面　　　　　　（b）位移反应谱

图 5.13　建筑平面及位移反应谱（单位：mm）

假定结构的等效高度为 10m（较结构高度一般稍大），在确定结构高度时需要进行迭代，计算在 10m 处结构的屈服位移为 30mm，为了保证结构剪设计值采用增强系数 1.25 调整后，结构不会在结构底部屈服。上部结构的位移为 $\Delta_{d,es}=0.8\times30=24$(mm)，考虑到非结构因素限制，隔震系统的位移为 $\Delta_{d,i}=200$(mm)（这可能超过隔震系统的最大许可位移），隔震结构的设计位移为，$\Delta_{d,sys}=24+200=224$(mm)。假定采用铅芯橡胶支座，黏滞阻尼比为 $\xi_i=0.25$，隔震结构总的等效黏滞阻尼比为

$$\xi_{e,sys}=\frac{\xi_{e,s}\Delta_{d,es}+\xi_{e,i}\Delta_i}{\Delta_{d,es}+\Delta_i}=\frac{0.25\times200+0.05\times24}{200+24}=0.229$$

因不考虑近场地震脉冲波的影响，所以位移谱调整折减系数

$$R_\xi = \left(\frac{0.07}{0.02 + 0.229}\right)^{0.5} = 0.53$$

从调整后的设计位移反应谱中或由式（4.13）得

$$T_{e,sys} = \frac{224}{750 \times 0.53} \times 4 = 2.25\text{s}$$

运用式（5.19）计算出结构的等效质量后，可假定结构为线性位移形态，运用式（5.15）计算各层位移，也可利用式（5.16）精确计算各层位移。在计算高度时应该考虑到隔震体系的高度和隔震系统上部楼板的厚度，本例中假定高度为400m，隔震层的质量假定与其他楼层的重量均为306t。

表5.2给出了两种方法的计算结果，两种方法得到等效高度、等效质量和体系位移的差别约为1%可以忽略。开始假定的结构位移22.4mm可以用来估算体系的延性，因此无须进行迭代。

隔震结构等效刚度为：$K_{d,e} = \dfrac{4\pi^2 m_e}{T_{e,sys}^2} = \dfrac{4\pi^2 \times 2036}{2.25^2} = 15890(\text{kN/m})$。

结构隔震系统剪力为：$V_{base} = K_{d,e}\Delta_{d,sys} = 15890 \times 0.228 = 3620(\text{kN})$

表 5.2　　　两种方法计算得隔震结构的各层位移、等效高度和等效质量

楼层	H/m	Δ_i［式（5.15）计算］	Δ_i［式（5.16）计算］
6	17.2	255.82	263.59
5	14.4	246.73	248.20
4	11.6	237.65	233.63
3	8.8	228.56	220.71
2	6.0	216.47	210.26
1	3.2	210.39	203.10
隔震	0.4	200.0	200.0
0	0	0	0
等效质量/t		2060	2036
等效高度/m		9.25	9.34

隔震系统的剪力需要适当调整为，$3620 \times 1.25 = 4500(\text{kN})$。采用12个隔震支座，位于柱子和墙的底部，或者在每片墙的底部放置两个隔震支座，共16个隔震支座。值得注意的是若在每片前的底部放置一个支座，将承受很大的局部弯矩，将会增大支座的尺寸和重量，给结构底部剪力造成影响。首先假定采用12个相同的隔震支座，每个支座承受的重量为，$W_{dj} = 3000 \times 7/12 = 1750(\text{kN})$，每个支座最大位移应该大于$\Delta_{dj} = 200\text{mm}$，建议采用最大位移为$1.5 \times 200 = 300(\text{mm})$。每个支座的承受的剪力为，$V_{dj} = 3620/12 \approx 300(\text{kN})$。假定隔震支座的极限承载力与承受的剪力比值为2.25，支座的屈服位移为$\Delta_{yj} = 0.077 \times h \approx 15.4(\text{mm})$（其中$h = \Delta_i$）。以上的这些假定将产生理想的力位移曲线如图5.13（b）所示。各阶段的刚度为

$$K_R = (300 - 133)/(0.2 - 0.01544) = \frac{905\text{kN}}{\text{m}}$$

$$K_{LR} = \frac{133}{0.0154} = 8636 (\text{kN/m}), K_e = \frac{300}{0.2} = 1500 (\text{kN/m})$$

对应的黏滞阻尼按式（5.6）计算

$$\xi_h = \frac{2}{\pi}\left(1 - \frac{1}{\mu}\right)\frac{V_y}{V_u} = \frac{2}{\pi} \times \left(1 - \frac{1}{13}\right) \times 2.25 = 0.26$$

隔震支座的横截面积与铅芯横截面积的比值为

$$n = \frac{A_D}{A_L} = \frac{129K_R}{K_{LR} - K_R} = \frac{129 \times 905 + 8636}{8636 - 905} = 16$$

假定设计的高度 $h = 200(\text{mm})$，为满足所需最大位移的最小高度，根据式（5.5）可估算出橡胶的面积为，$A_R = \frac{K_R h}{G_R} = \frac{905 \times 200}{1} = 18100(\text{mm}^2)$，因此实际需求的面积约为 19200mm^2，铅芯的面积为 11600mm^2。因此，隔震垫的直径为 500mm，铅芯直径为 130mm，隔震垫的设计参数为：$A_D = 196349(\text{mm}^2)$，$A_L = 13273\text{mm}^2$，$A_R = 183076\text{mm}^2$，$K_R = 915\text{kN/m}$，$K_L = 8627\text{kN/m}$，$K_{LR} = 9542\text{kN/m}$，$V_y = 147\text{kN}$，$V_{200} = 316\text{kN}$。

橡胶支座的平均压应力为，$f_{ave} = \frac{1750000}{183076} = 9.56(\text{MPa})$。每层橡胶的厚度为：$S = \frac{W}{A'G\gamma} = \frac{1750000}{0.5 \times 183076 \times 1 \times 1} = 19.12$，$t = D/4S = 6.54(\text{mm})$。

5.4 耗能结构的设计

5.4.1 耗能减震结构的设计要求

1. 耗能部件的设置

耗能减震结构应根据罕遇地震作用下的预期结构位移控制要求来设置适当的耗能部件，耗能部件可以由耗能器及斜支撑、填充墙、梁或节点组成。耗能减震结构中的耗能部件应沿结构两个主轴方向分别设置，耗能部件宜设置在层间变形较大的位置，其数量和分布应通过综合分析合理确定。

2. 耗能部件性能要求

耗能部件应该满足以下要求：

（1）耗能器应具有足够的吸收和耗散地震能量的能力及适当的阻尼；耗能部件附加给结构的有效阻尼比宜大于 10%，超过 25% 按 25% 计算。

（2）耗能部件应该有足够的初始刚度，并且满足下列要求：

速度线相关型耗能器与支撑、填充墙或梁组成耗能部件时，该部件在耗能器好能方向的刚度应符合下式

$$K_b = (6\pi/T_1)C_v \tag{5.19}$$

式中：K_b 为支撑构件在耗能器方向的刚度；C_v 为耗能器线性阻尼系数；T_1 为耗能减震结构的基本自振周期。

位移相关型耗能器与支撑、填充墙或梁组成耗能部件时，该部件恢复力滞回模型参数

应符合下列要求

$$\frac{\Delta u_{py}}{\Delta u_{sy}} \leqslant \frac{2}{3} \tag{5.20}$$

$$\left(\frac{K_P}{K_S}\right)\left(\frac{\Delta u_{py}}{\Delta u_{sy}}\right) \geqslant 0.8 \tag{5.21}$$

式中：K_P 为耗能部件在水平方向的初始刚度；Δu_{py} 为耗能部件的屈服位移；K_S 为设置耗能部件楼层的侧向刚度；Δu_{sy} 为设置耗能部件的结构层间屈服位移。

（3）耗能器应具有优良耐久性能，能长期保证其初始性能。

（4）耗能器构造简单，施工方便，易维护。

（5）耗能器与支撑、填充墙、梁或节点的连接，应符合钢构件连接或钢与混凝土连接的构造要求，并能够承担耗能器施加给连接节点的最大作用力。

5.4.2 耗能支撑框架的设计

对于如图 5.14 的带耗能支撑的框架，结构的侧向位移为线性形态。分析时可以简化为单层单跨结构，跨度为 L，高度为 H，然后组合推广到一般框架结构。假设支撑构件处于弹性阶段（阻尼器的屈服强度小于支撑的屈服强度）。如图 5.14（b）所示，框架的屈服位移 Δ_y 和支撑的屈服变形关系如下：

$$\Delta_y = \sqrt{(L^2 + H^2)(1 + \varepsilon_y)^2 - H^2} - L \tag{5.22}$$

层间屈服位移角

$$\theta_y = \sqrt{[(L/H)^2 + 1]^2 (1 + \varepsilon_y)^2 - 1} - L/H \tag{5.23}$$

式中：ε_y 为支撑的屈服应变，$\varepsilon_y = \dfrac{L_b' - L_b}{L_b}$；$L_b'$、$L_b$ 分别为耗能支撑屈服和初始长度。

从上式可以看出层间屈服位移角，只与 L/H 和支撑材料的屈服应变有关。如图 5.14 所示，对于标准型号的钢材，屈服位移约为 $0.4\%\sim0.5\%$，同采用砌体隔墙时的正常使用状态非结构构件的要求相近。随着位移的进一步增大，支撑的变形不会增大，而是阻尼器变形增大，因此，耗能支撑可以假定为理想刚塑性模型。

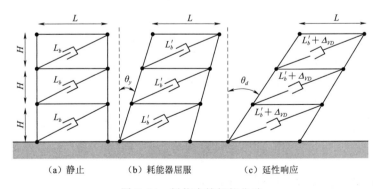

（a）静止 　　（b）耗能器屈服 　　（c）延性响应

图 5.14 耗能支撑框架位移

通常情况下，设计步骤为：①根据结构抗震性能需求指标，由式（5.23）得到的框架屈服位移值 Δ_y，确定支撑的屈服位移值，$\Delta_{yd} = k\Delta_y$。②根据非结构构件材料性能，确定结构设计位移角 θ_d。③计算等效延性系数，$\mu_d = \Delta_d / \Delta_{yd}$，然后根据耗能装置的滞回特性，利用式（4.10）或式（4.11）确定等效阻尼比。④根据等效阻尼比对应的位移反应谱，由 Δ_d 确定出振动周期、刚度和底部剪力。⑤将底部剪力分配到各楼层后，进行结构内力分析，计算出各构件内力值。一般情况下，支撑内力值为阻尼器的 1.25 倍。

算例：如图 5.15 所示，结构高度为 38.4m，共 12 层，层高为 3.2m，跨度为 5m，采用钢框架和金属阻尼支撑耗能，梁柱节点为铰接。结构每层的重力为 5×10^3 kN，结构的设计位移角为 1/50，位移反应谱 $T_c = 5$s，$\Delta_{c,0.05} = 1.0$m，支撑所采用的钢材屈服应变 $\varepsilon_y = 0.0018$。

（1）计算支撑屈服位移。采用利用式（5.24）计算 $\theta_y = \sqrt{[(5/3.2)^2 + 1]^2 (1 + 0.0018)^2 - 1} - 5/3.2 = 0.004$，忽略阻尼器的屈服变形，（若计入阻尼器屈服变形，屈服位移需增加），结构的等效高度为，$H_e = 38.4 \times 0.67 = 25.7$(m)。支撑屈服（耗能原件启动）时，结构位移设计值为 $\Delta_{yd} = 0.8 \times 0.004 \times 25.7 = 0.082$(m)。

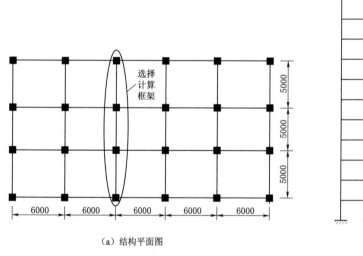

（a）结构平面图　　　　　　　　　　（b）结构立面图

图 5.15　结构示意图

（2）计算结构的设计位移。$\Delta_d = 0.02 \times 25.7 = 0.51$(m)，对应的支撑轴向位移分别为，$\Delta_{b.y} = 11$mm，$\Delta_{b.d} = 54$mm，如图 5.16 所示。

（3）等效延性系数为 $\mu_d = 0.51/0.082 = 6.3$。

（4）选用金属阻尼器，由式（4.9）、式（4.10）计算阻尼器的阻尼比为 $\zeta_{hyst} = 0.02 + \dfrac{0.577 \times (6.3 - 1)}{6.3\pi} = 0.174$，由于剪力全部通过支撑来承受，因此这也是体系的阻尼比。最后，按照普通框架的设计方法设计，结果见表 5.3。

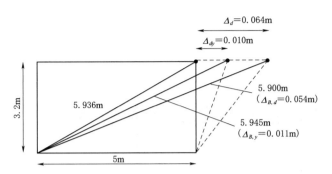

图 5.16 单层支撑框架位移示意图

表 5.3   设　计　结　果

设计参数	等效阻尼比 ζ	阻尼折减系数 R_ζ	T_c 对应的位移 $\Delta_{T_c,\zeta}$/m	等效周期 T_e/s	等效质量 m_e/kg	等效刚度 k_e/(kN/m)	底部剪力 V_{base}/kN
	0.174	0.559	0.56	4.56	4735	8980	4580

将底部剪力扩大 1.5 倍后，转换成各构件的内力，进行构件设计。阻尼器的强度沿着结构的高度降低，底层支撑的剪力最大，可由下式计算，

$$F_{brace}=\frac{V_{base}}{\cos\left(\arctan\dfrac{H}{l}\right)}=5440(\text{kN})$$

底层共有 4 个支撑，因此每个支撑的轴向力的值为 1360kN，可以用来确定阻尼其的强度，支撑的轴向力设计值为 1700kN（为阻尼器强度的 1.25 倍）。若考虑高阶振型的影响，结构的位移需求增加，力不会增加，因为力受阻尼器的控制。

第6章 自复位结构的设计及应用

6.1 自复位结构的发展类型和基本力学行为

6.1.1 自复位结构的发展

随着经济水平的快速提高和城市功能的日趋复杂，土建结构在强震后能否保持功能愈加受到社会各界的高度重视。同时，实现抗震韧性城市的宏伟目标则进一步强调了单体结构和整个城市应该保持震后功能的重要性。因此，开发在强震后经过简易修缮甚至无须修缮即可继续使用的结构成为了地震工程界的当前研究热点。然而，依据传统抗震理念设计的结构难以满足需求。传统抗震理念侧重于提高结构的延性和消能能力，设防目标以防止整体倒塌为核心。延性和消能俱佳的结构固然具有良好的抗震性能和较高的抗倒塌裕度，但是如果结构的主要受力构件（如梁、柱和节点等）或增设耗能元件（如支撑、阻尼器和支座等）产生不可恢复的塑性变形，结构整体也会积累残余变形。过大的残余变形使结构的震后修缮难度增加费用提高，甚至使得大量受损结构最终被迫拆除重建。

强震后，结构因残余变形过大而丧失功能的震害实例并不罕见。以 1995 年的日本阪神地震为例，逾 100 栋钢筋混凝土建筑因残余位移角过大而被拆除，逾 100 座桥梁因桥墩残余位移较大而需要拆除或更换。基于日本的震后调研，当建筑结构的残余位移角超过 0.5% 时，结构失去修缮价值。结合研究成果与震害实例，已有多个国家的规范或标准将残余变形与最大变形一同列为结构抗震性能的评价指标。例如，我国《建筑抗震设计规范》（GB 50011—2010）定义了残余变形与结构损伤的定量关系；美国联邦应急措施署的 FEMAP - 58 报告详细介绍了残余变形在评估地震易损性过程中的应用及其预测公式。如前所述，纵使避免了结构倒塌和人员伤亡，结构若在震后的残余变形过大将中断其基本功能，仍旧会严重阻碍生活和生产的恢复，造成高昂的经济代价和重大的社会影响。因此，减轻甚至完全消除震后残余变形成为了开发新型抗震结构体系的核心目标要求。自复位结构便是在该指导思想下开发出的一类代表性结构，并在过去数十年中吸引了国内外诸多学者的密切关注和广泛研究。

纵使避免了结构倒塌和人员伤亡，结构若在震后的残余变形过大将中断其基本功能，仍旧会严重阻碍生活和生产的恢复，造成高昂的经济代价和重大的社会影响。因此，减轻甚至完全消除震后残余变形成为了开发新型抗震结构体系的核心目标和额外要求。自复位结构便是在该指导思想下开发出的一类代表性结构，并在过去数十年中吸引了国内外诸多学者的密切关注和广泛研究。在强震作用下，自复位结构借助自重、预应力构件或高性能材料等获取恢复变形能力，同时利用阻尼元件消耗地震能量，结构整体行为展示出"旗帜形"的滞回行为。和传统结构相比，自复位结构的最显著特征在于震后的残余变形较小甚至为零。理论上而言，由于在震后回复到初始形态，自复位结构的结构主体在震后无需修缮就能够继续发挥功能，这一特征不仅极大地提高了单体结构在震后继续使用的可能性，而且与发展抗震韧性城市的目标一致。

6.1.2 自复位耗能减震结构的原理和类型

在强震作用下，自复位结构借助自重、预应力构件或高性能材料等获取恢复变形能力，同时利用阻尼元件消耗地震能量，结构整体行为展示出"旗帜型"的滞回行为。自复位体系大致可以分为三种，第一种是抗弯框架中运用后张预应力梁柱节点和柔性楼板体系，这种体系允许梁柱接触面分开主要通过后张预应力复位。第二种是自复位支撑体系，利用超弹性（或预应力）元件，在卸载后恢复到原来长度来实现复位。第三种是摇摆结构利用重力或者后张预应力复位。

自复位耗能体系通常由复位装置及耗能装置组成。其中，复位机制既可采用在普通高强材料中施加预应力的方式，又可采用如形状记忆合金等具有自复位本构关系的新型材料。耗能装置则可采用软钢滞回耗能、摩擦耗能、黏弹性耗能的耗能机制。自复位和耗能装置既可以置于梁柱节点形式，也可以置于中心支撑或者置于隔震层。自复位耗能体系的应用范围有钢框架、混凝土框架，混凝土墙及桥梁中。

1. 预应力自复位梁柱节点

（1）钢框架自复位节点。1994年北岭地震中，被认为具有卓越抗震性能的抗弯钢框架体系出现了断裂等脆性破坏，引起了地震工程界的广泛关注。20世纪90年代末及21世纪初发展起来了后张预应力自复位钢框架，利用了后张无黏结预应力技术和钢框架梁柱耗能节点技术。

1998年，Garlock等首先提出了后张预应力梁柱节点应用于抗弯钢结构框架中。如图6.1所示，钢绞线与框架梁平行放置，并且钢绞线锚固于框架最外侧的柱子上。在梁柱节点处用螺栓和角钢将梁的上下翼缘及柱子的翼缘相连。其中，预应力高强钢绞线充当自复位构件。当给钢绞线中施加初始预应力后，为了与钢绞线的拉力平衡，在梁柱接触面中产生接触压力，因此接触面紧密闭合。梁柱节点处的角钢既可承担部分剪力和弯矩，又能产生塑性变形耗散地震能量。之后，Ricles等对自复位抗弯钢框架进行了拟静力试验研究，并在构造方面给出了建议，结果表明这种结构体系能够有效地消除卸载后的残余变形，梁柱的变形主要集中在角钢处，便于震后替换。Garlock等人通过拟静力试验得出了这种节

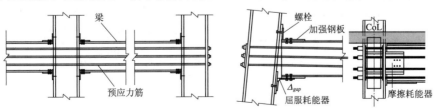

图 6.1 自复位钢框架节点

点的弯矩与转角关系曲线为该结构设计提出了更充分的理论依据。

此后，Christopoulos 在梁柱节点梁的上下翼缘安装屈曲约束元件，利用元件的轴向变形耗散地震能量，耗能元件变形在截面内更加均匀，不易破坏变形更充分。Rojas 等人还提出了预应力摩擦耗能节点。在该节点中，摩擦装置安装在梁的上下翼缘并与柱的翼缘相连。为了避免摩擦耗能装置与楼板相互影响，Iyama 等在梁的下翼缘底部安装摩擦装置耗散能量（图 6.2），此节点在正负弯矩作用下的性能不对称。为了保证良好的性能上翼缘板需要加强。

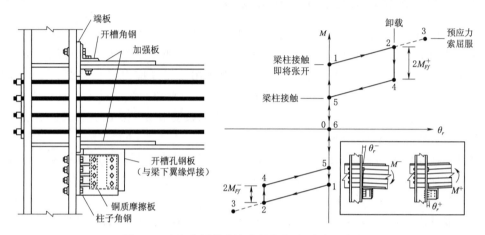

图 6.2　自复位梁柱节点及转角与弯矩关系曲线

（2）混凝土框架自复位节点。1993 年 Priestley 和 Tao 提出允许预制框架结构中框架梁发生转动，构成自复位框架的概念。框架梁通过预应力筋与框架柱相连，在梁柱接触面处允许一定的转动通过耗能钢筋消耗地震能量，构造及耗能机理如图 6.3 所示。为了方便耗能器的更换和维修，耗能器逐渐外置，如图 6.4 所示，将角钢通过螺栓固定于节点顶底部位，随着梁柱间的相互转动，角钢屈服耗散能量有效减缓梁柱主体构件受损。同时，角钢为节点提供了可靠的抗剪机制。除了应用金属屈服耗能外，摩擦耗能器也与预应力相结合形成一种新型的自复位节点用于装配式混凝土框架结构。图 6.5 所示，在梁柱节点设置梁端钢套，柱内预埋钢板对混凝土进行约束以加强钢板和混凝土的共同工作，并在梁端腹板上设置了摩擦耗能装置形成了一种腹板摩擦耗能自复位混凝土节点。该节点有效防止地

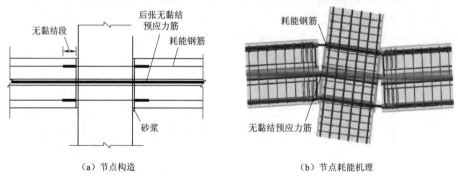

（a）节点构造　　　　　　　　　　（b）节点耗能机理

图 6.3　耗能钢筋自复位混凝土框架节点构造及耗能机理

震时节点梁柱接触处局部混凝土被压坏。

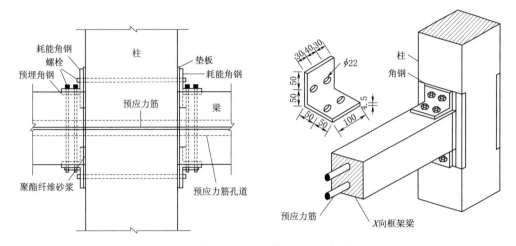

图 6.4　角钢耗能自复位混凝土框架节点

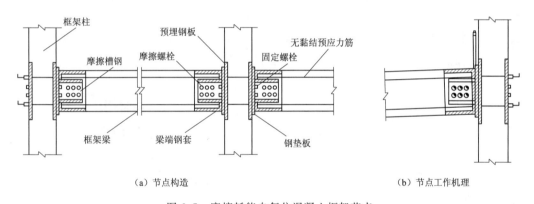

（a）节点构造　　　　　　　　　　　　　（b）节点工作机理

图 6.5　摩擦耗能自复位混凝土框架节点

2. 自复位耗能支撑

Zhu 等于 2007 年提出了一种新型的自复位摩擦耗能支撑，如图 6.6 所示，复位材料为形状记忆合金棒，耗能机制为摩擦耗能。无论拉压，总有一组形状记忆合金棒处于受拉状态，以提供复位力。但是，由于支撑组成部分 A 或者 B 上外力作用点既不对称也不同轴，因此在轴向外力作用下将会产生弯矩的作用，对于构件来说是非常不利的。由形状记忆合金棒的恢复力与摩擦阻尼器的恢复力组合而成。可见，摩擦阻尼器产生的残余力影响了形状记忆合金的复位效果，如果能够在形状记忆合金棒中施加预应力则可改进复位效果。

2008 年，Christopoulos 等研制了一种利用预应力作为回复力自复位支撑耗能支撑。如图 6.7 所示，支撑的耗能部分由预拉螺栓夹紧钢板产生的摩擦机制提供，而回复力则由后张预拉芳纶纤维筋提供，支撑表现出了典型的"旗帜形"滞回行为。利用预压蝶形弹簧提供回复力，并使用摩擦片进行耗能。类似地，韩强等提出的自复位防屈曲支撑中，以串联的碟簧和屈曲约束支撑分别作为自复位和耗能元件。另外，鉴于预应力筋的弹性变形能

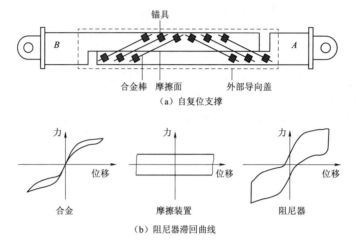

（a）自复位支撑

（b）阻尼器滞回曲线

图 6.6 形状记忆合金自复位耗能支撑及滞回曲线

力有限，通过串联预应力筋提升了自复位支撑的极限变形能力，工作机理如图 6.9 所示，可将自复位支撑的极限应变能力提高，由于常见的摩擦阻尼器，启滑后摩擦力不变，第二刚度小，对复位系统要求高，受高阶振型效应影响大，防倒塌能力弱。因此，研发了变摩擦力自复位耗能器，克服了传统摩擦耗能装置的缺点。

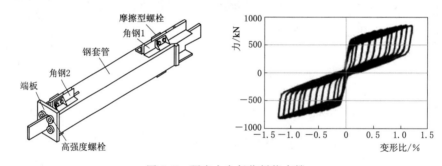

图 6.7 预应力自复位耗能支撑

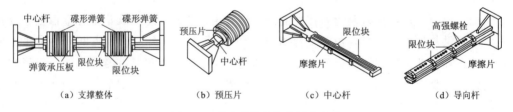

（a）支撑整体   （b）预压片   （c）中心杆   （d）导向杆

图 6.8 碟形弹簧自复位耗能支撑

3. 摇摆结构

1963 年，在地震作用下，建筑物向上抬升趋势对结构本身的有利保护作用引起 Housner 的关注。他首次报道了由于对高位水槽的基础不经意做了弱化处理，允许整体结构发生摇摆，使高位水槽结构在 1960 年智利大地震中的免遭破坏。1978 年，Meek 采用简化的单振型模型对不同高宽比的摇摆核心筒结构进行了分析（图 6.10）。研究表明，对于自

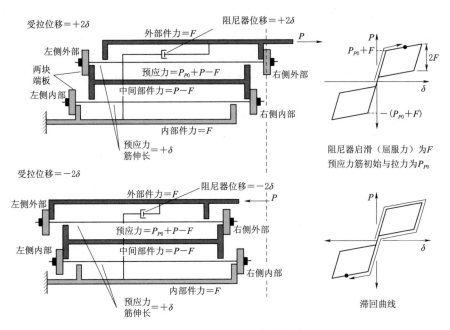

图 6.9　串联预应力自复位支撑

振频率在 $0.5 \sim 4\,\mathrm{Hz}$ 之间的结构，与固定基础核心筒相比，摇摆核心筒可大幅减小结构的动力反应，且高宽比越大，动力反应减小效果越明显。

在早期的摇摆建筑结构中，一般做法为放松结构与基础之间的约束，即上部结构与基础交界面可以受压但几乎没有受拉能力，在水平倾覆力矩作用下，允许上部结构在与基础交界面处发生一定的抬升。地震作用下上部结构的反复抬升和回位就造成了上部结构的摇摆，一方面降低了强地震作用下上部结构本身的延性设计需求，减小了地震破坏，节约了上部结构造价，另一方面，减小了基础在倾覆力矩作用下的抗拉设计需求，节约了基础造价。进入 20 世纪 90 年代，除了放

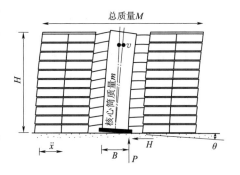

图 6.10　摇摆核心筒结构

松基础约束构成摇摆结构设计外，美、欧、日学者也开展了放松构件间约束的结构设计，例如后张预应力预制框架结构，通过放松梁柱节点约束允许框架梁的转动使结构发生摇摆，而通过预应力使结构自复位。一般来说，放松结构与基础交界面处或结构构件间交界面处的约束，使该界面仅有受压能力而无受拉能力，结构在地震作用下发生摇摆而结构本身并没有太大弯曲变形，最终回复到原有位置时没有永久残余变形，这样的结构称为自由摇摆结构；如果对自由摇摆结构施加预应力以保证其结构体系稳定，这样的结构可称为受控摇摆结构；如果放松约束的结构在地震作用下首先发生一定的弯曲变形，超过一定限值后发生摇摆，通过预应力使结构回复到原有位置，这样的结构称为自复位结构。

（1）摇摆桥墩。摇摆结构最早期多应用于短周期的刚性结构体系，如摇摆桥梁桥墩的

研究。Astaneh-Asl 和 Shen 进行了半刚性摇摆桥墩的研究，允许桥墩与基础间有限摇摆，这一研究已用于美国旧金山-奥克兰海湾大桥改造的加固设计中。Priestley 等还将摇摆桥墩作为桥梁抗震设计与加固的一种方法。Mander 和 Cheng 进行了基于免损伤破坏的摇摆桥墩设计研究。为使桥墩在地震作用下具有复位能力从而减小残余变形，研究人员在摇摆桥墩中引入无黏结后张预应力。Palermo 等研究表明后张预应力使桥墩与基础交界面处的抗侧力小于传统固定基础桥墩，但大于无预应力的摇摆桥墩，并为桥墩的摇摆提供一定的复位能力。

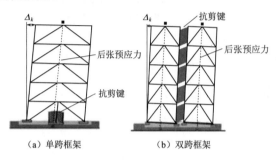

（a）单跨框架　　　（b）双跨框架

图 6.11　带竖向耗能装置钢框架

（2）摇摆框架。2005 年，美国斯坦福大学 Deierlein 和伊利诺伊大学香槟分校 Hajjar 等开始了后张预应力摇摆钢框架结构研究，并引入竖向耗能装置，如图 6.11 所示。在这种摇摆结构体系中，框架柱允许其与基础的交界面处发生摇摆，通过后张预应力提供摇摆后整体结构的复位能力，并附有竖向耗能抗剪键耗散地震能量。2007 年，Roh 通过放松钢筋混凝土框架柱基础约束构成摇摆柱，并加入黏滞阻尼器消能，实现框架结构的振动控制。Roh 和 Reinhorn 首先提出适用于摇摆柱计算分析的宏观模型如图 6.12。被简化为四折线关系，其 4 个关键点分别对应开裂点 φ_{cr}、屈服点 φ_y、摇摆起始点 φ_r、倾覆点 φ_{ot}，摇摆柱在摇摆发生后，其弯矩-曲率呈直线下降关系。

（3）摇摆剪力墙。2001 年，美国加州旧金山 Tipping and Mar 公司在伯克利市的一座 14 层建筑的改造中首次采用摇摆剪力墙结构。2008 年，Hitaka 和 Sakino 针对摇摆联肢剪力墙如图 6.13（a）所示，提出摇摆联肢剪力墙结构体系，如图 6.13（b）所示。该体系中变形较集中的部位为边界单元，边界单元由钢连梁、钢筋混凝土墙肢、钢管混凝土边柱组成（图 6.14）。除了在新建建筑中应用以外，摇摆剪力墙还被应用于既有建筑结构抗震加固，2009 年，Wada 等在对东京工业大学津田校区 G3 楼结构加固中，采用了摇摆墙与钢阻尼器如图 6.15 所示。

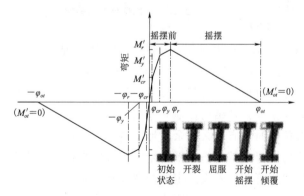

图 6.12　摇摆柱计算分析宏观模型

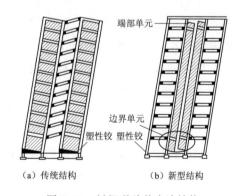

（a）传统结构　　　（b）新型结构

图 6.13　摇摆联肢剪力墙结构

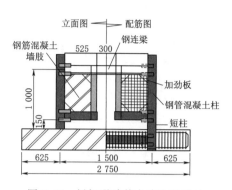

图 6.14　摇摆联肢剪力墙边界单元
（单位：mm）

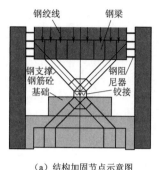

（a）结构加固节点示意图

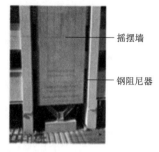

（b）结构加固节点示意图

图 6.15　东京工业大学摇摆墙加固工程

6.1.3 自复位耗能结构的基本力学行为

自复位结构体系通常由两部分组成，复位系统和耗能系统。地震时主体结构保持弹性，地震能量主要由耗能系统耗散，耗能系统的变形由复位系统恢复。由于主体结构不屈服，结构的复位系统由主体结构和附加的恢复体系共同组成（图 6.16），主体结构的刚度为和恢复力分别记为 K_M、F_M。附加的恢复系统初始刚度、第二刚度及名义屈服强度分别记为 $K_{SC,1}$、$K_{SC,2}$ 和 $F_{SC,y}$。由于主体结构和恢复系统都处于弹性，总体恢复系统的恢复力为 F_{TSC}，初始刚度、第二刚度和（名义）屈服强度分别为 $K_{TSC,1}$、$K_{TSC,2}$ 和 $F_{TSC,y}$。根据图 6.16 可知

$$K_{TSC}=\begin{cases}K_M+K_{SC1}, & 0<X<X_{SC,y}\\ K_M+K_{SC2}, & X_{SC,y}\leqslant X_m\end{cases} \tag{6.1}$$

$$F_{TSC}=F_M+F_{SC}=\begin{cases}K_MX+K_{SC1}X, & 0<X<X_{SC,y}\\ K_MX+F_{SC,y}+K_{SC2}(X-X_{SC,y}), & X_{SC,y}\leqslant X_m\end{cases} \tag{6.2}$$

式中：$F_{SC,y}=K_{SC1}X_{SC,y}$；X_m 为结构最大位移。

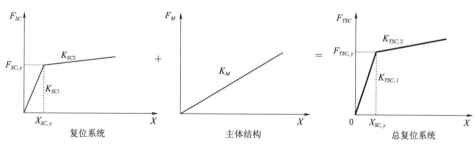

图 6.16　结构复位系统

为了更好地研究自复位结构的抗震性能，有必要了解这种结构的恢复力模型，揭示自复位结构的地震响应。由图 6.17 可知，自复位结构的滞回行为由 4 个参数决定：第一刚度 K_{T1}、屈服强度 $F_{T,y}$ 以及无量纲参数 β 和 γ。为了方便研究自复位结构的滞回特性，首先定义几个无量纲参数。

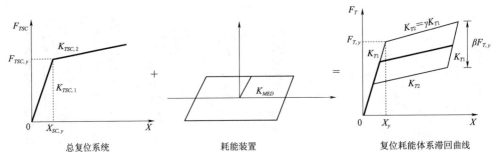

图 6.17　自复位耗能结构体系

1. 耗能系数

耗能系数由 Seo 和 Sause 提出，描述了"旗帜"形的高度相对于结构名义屈服力的高度，反映了结构的耗能能力。同时，可以很好地权衡自复位体系的耗能能力和复位能力，从而成为许多学者在复位耗能体系设计中的关于耗能和复位的计算的一个重要依据。图 6.18 给出了不同 β 值下的滞回曲线。从图 6.18 可知，随着 β 的增大，结构的耗能能力增大，但是结构的残余位移增大。

β 定义为自复位耗能体系的耗能系统与复位系统的强度比值，其表达式如下：

$$\beta = \frac{2F_{ED}}{F_{SC,y}} \tag{6.3}$$

式中：F_{ED} 为耗能装置的启动力（名义屈服力）；$F_{SC,y}$ 为复位系统的名义屈服力。

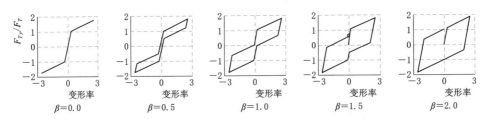

图 6.18　不同值的"旗形"滞回曲线

2. 第二刚度与第一刚度比值

结构复位系统第二刚度与第一刚度比值，反映了结构复位系统第二刚度相对于第一刚度的折减程度，取值范围为 $0 < \gamma \leqslant 1$，γ 的下限为 0 是确保结构的"屈服"后刚度为正值，γ 的上限为 1 是确保结构具有完美的自复位能力。为了限制结构的内力、加速度和基底剪力，结构"屈服"后的强度不宜过高，故 γ 的取值不宜过大。其表达式如下：

$$\gamma = \frac{K_{T2}}{K_{T1}} \tag{6.4}$$

式中：K_{T1}、K_{T2} 分别为复位系统的第一、第二刚度。若在地震过程中主体结构保持弹性，那么复位系统的第二刚度应为复位元件的刚度和主体结构的刚度之和。

3. 耗能系统与复位系统第一刚度比

在强度不变的情况下，耗能系统与复位系统的比值决定了二者谁先屈服，同时也反应结构的耗能能力，影响指挥曲线的饱满程度，二者比之越大，减震效果越好，表达式如下：

$$\gamma_C = \frac{K_{ED}}{K_{T1}} \tag{6.5}$$

式中：K_{ED}、K_{T1} 分别为耗能系统、复位系统的第一刚度。

由于常用的耗能装置的第二刚度影响有限，为了方便应用，假定其第二刚度为零，根据式（6.3）至式（6.5）有

$$F_{ED} = \frac{1}{2}\beta F_{SC,y} \tag{6.6}$$

$$K_{ED} = \gamma_C K_{T1} \tag{6.7}$$

$$K_{SC,1} = K_{T1}/(1+\gamma_C) \tag{6.8}$$

$$K_{SC,2} = \gamma K_{SC,1} \tag{6.9}$$

$$F_{ED,y} = F_{T,y}/(1+\gamma_C) \tag{6.10}$$

根据图 6.17 和式（6.6）至式（6.10）得到自复位摩擦支撑的加载阶段与卸载阶段的恢复力表达式分别为

$$F_T = \begin{cases} K_{T1}X & X \leqslant X_y \\ F_{T,y} + K_{T2}(X-X_y) & X_y < X < X_m \end{cases} \tag{6.11}$$

$$F_T = \begin{cases} F_{T,y} + K_{T2}(X_m - X_y) + K_{T1} & (X-X_m)(X_m - 2X_{ED,y}) < X < X_m \\ F_{T,y} + K_{T2}(X - X_m + 2X_{ED,y}) & (X_y - 2X_{ED,y}) < X < (X_m - 2X_{ED,y}) \end{cases} \tag{6.12}$$

式中：$K_{T1} = K_{SC,1} + K_{ED}$，$K_{T2} = K_{SC,2} + K_{ED}$，$X_{ED,y} = F_{ED}/(\gamma_C K_{T1})$，其他符号同前。

6.2 自复位耗能结构地震响应的研究

6.2.1 自复位耗能 SDOF 系统的响应

1. 自复位耗能系统的性能参数

在地震作用下，自复位耗能系统的性能可以通过以下标准化的无量纲参数来反应。

（1）最大位移延性系数 μ_Δ。在基于性能抗震工程中，结构最大的非弹性位移是反应地震中建筑的结构和非结构构件损伤的主要指标。μ_Δ 反映了结构在地震过程中最大位移与屈服位移的比值，在一定程度上反映了结构的损伤程度

$$\mu_\Delta = \frac{\max\limits_{0 \leqslant t \leqslant t_D} |x(t)|}{x_y} \tag{6.13}$$

式中：t_D 为输入地震波的总持时长。

（2）标准化最大绝对加速度 $\alpha_{\max}$。$\alpha_{\max}$ 反映了对加速度敏感的非结构构件的潜在损伤，同时也反映了地震时建筑物内居民的潜在伤害，也直接体现了地震作用施加给结构力的大小

$$\alpha_{\max} = \frac{\max\limits_{0 \leqslant t \leqslant t_D} |\ddot{x}(t) + \ddot{x}_g(t)|}{g} \tag{6.14}$$

（3）标准化最大耗散能量 E_{abs}。E_{abs} 反映了结构潜在损伤和地震持时的影响

$$E_{abs} = \frac{\max_{0 \leqslant t \leqslant t_D} |E_s(t)|}{x_y m g} \tag{6.15}$$

（4）标准化的残余位移 x_{res}。x_{res} 反映了地震过程中结构遭受的积累损伤以及结构震后维修的费用大小

$$x_{res} = \frac{|x(t_D)|}{x_y} \tag{6.16}$$

2. 自复位耗能 SDOF 系统动力响应影响参数

结构的动力响应除受其自身恢复力模型影响外，还与结构阻尼和自振周期等动力特征有关。非线性体系的动力响应的两个参数为第一自振周期 T_0 和强度折减系数 η 分别为

$$T_0 = 2\pi\sqrt{m/k_0} \tag{6.17}$$

$$\eta = \frac{F_y}{mg} \tag{6.18}$$

式中：k_0 为自复位耗能 SDOF 系统的初始刚度；F_y 为自复位耗能 SDOF 系统的屈服力；g 为重力加速度。

如图 6.19 所示，由式（6.2）和式（6.3），屈服位移 x_y 可表示为

$$x_y = \frac{T_0^2 \eta g}{4\pi^2} \tag{6.19}$$

这样，在给定结构阻尼比 ζ、初始周期 T_0、强度比值 η，可以确定恢复力和位移关系为双线型弹塑性模型［图 6.19（a）］的 SDOF 系统，对于如图 6.19（b）所示的"旗帜形"滞回模型的自复位耗能 SDOF 系统，动力响应影响参数主要包括：结构初始周期 T_0、阻尼比 ζ、强度折减系数值 η、γ、γ_c 和 β 等六个参数。

对于不超过 20 层钢框架结构，第一自振周期为

$$T_0 = C_t h_n^{0.75} \tag{6.20}$$

式中：C_t 为系数，对于钢框架 $C_t = 0.0853$；h_n 为结构的高度，m。

由式（6.20），假定结构层高为 3.4m，20 层钢框结构的自振周期范围为

$$0.2s \leqslant T_0 \leqslant 2.0s \tag{6.21}$$

强度因数 η 可定义为

$$\eta = \frac{V_y}{W} = \frac{C_v I}{R T_0} \tag{6.22}$$

式中：V_y 为结构底部剪力设计值；W 为结构的重力荷载代表值；I 为结构抗震重要性系数，按照美国统一建筑规范（1997 版）第二卷（1997 Uniform Building Code，Vol.2，UBC）规定取值；C_v 为抗震系数，按照 UBC 中的相关规定取值，对于 4 区场地类型为 D，$C_v = 0.64$。R 为水平力折减系数，按照 UBC 中的相关规定取值。对于钢框架其值一般为 $4.5 \sim 8.5$。

这样，在抗震 4 区，式（6.22）的下限为

$$\eta = \frac{V_y}{W} \geqslant 0.11 C_a I \tag{6.23}$$

式中：C_a 为抗震系数，按照 UBC 中的相关规定取值，对于 4 区场地类型为 D，$C_a = 0.44$。

对于不超过 20 层的钢框架结构，将周期的上限和下限代入式（6.22）后，得到 η 的范围为

$$0.05 \leqslant \eta \leqslant 0.71 \qquad (6.24)$$

3. 复位耗能系统分析模型

在本节主要考虑了传统结构与自复位结构的简化滞回特性，分别由"弹塑性"（简称 EP 模型）和"旗帜型"（简称 FS 模型）代表。如图 6.19 所示，加载阶段二者的行为相仿；卸载阶段 EP 的滞回曲线为饱满的平行四边形，卸载后出现明显的残余变形，而自 FS 的滞回曲线回到原点，仅出现在第一和第三象限。可见，与传统结构相比自复位结构具备更强的恢复变形能力和更低的耗能能力。简化的 FS 曲线主要与两个独立的参数 β 和 γ 有关。给定二者值后，可以确定恢复力和位移关系如图 6.19（b）所示的 FS 模型。

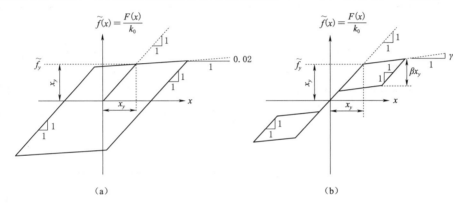

图 6.19　简化滞回曲线（EP 和 FS）

表 6.1 给出了计算分析 SDOF 系统的相关参数。这些参数可以组合 576 种不同 FS 模型。表 6.2 给出了 $\xi_0 = 0.05$，γ 和 β 在一定范围内取值的不同 FS 模型。

表 6.1　　　　　　　　　　SDOF 系统的参数值

T_0	η	γ^*	β^*	T_0	η	γ^*	β^*
1.00	0.05	0.02	0.00	1.00	0.30	0.35	1.00
0.25	0.10	0.10	0.30	1.50	0.50		
0.50	0.20	0.20	0.60	2.00	1.00		

注　＊表示仅 FS 滞回模型参数

表 6.2　　　　　　　　　　γ 和 β 取不同值时滞回曲线

γ	β			
	0.0	0.3	0.6	1.0
0.02	$\tilde{f}$⤴x	$\tilde{f}$⤴x	$\tilde{f}$⤴x	$\tilde{f}$⤴x

γ	β			
	0.0	0.3	0.6	1.0
0.10	$\tilde{f}$ x	$\tilde{f}$ x	$\tilde{f}$ x	$\tilde{f}$ x
0.20	$\tilde{f}$ x	$\tilde{f}$ x	$\tilde{f}$ x	$\tilde{f}$ x
0.35	$\tilde{f}$ x	$\tilde{f}$ x	$\tilde{f}$ x	$\tilde{f}$ x

4. 输入地震波

选择了 20 条强震地震波,50 年的超越概率为 10%。消除了方向性的影响,所有地震波场地类型为 C 类和 D 类,矩震级 M_w 为 6.7~7.3。震源距离为 13~25km。表 6.1 给出了地震记录的详细特征。调整每条地震波使其周期为 0.1、0.25、0.5、1.0、2.0 时的阻尼比 5% 设计反应谱和 NEHRP 计划中相应阻尼比反应谱之间的误差平方值最小,调整系数见表 6.3。

表 6.3 　　　　　　　选择地震波的特征参数

地震事件	年份	M_w	测 站	震距 /km	场地类型 /NEHRP	持时 /s	调整系数	调整后 PGA/g
Superstition Hills	1987	6.7	Brawley	18.2	D	22.0	2.7	0.313
	1987	6.7	El Centro Imp.	13.9	D	40.0	1.9	0.490
	1987	6.7	Plaster City	21.0	D	22.2	2.2	0.409
Northridge	1994	6.7	Beverly Hills	19.6	C	30.0	0.9	0.374
	1994	6.7	Anoga Park—Topanga Can	15.8	D	25.0	1.2	0.427
	1994	6.7	Clendale—Las Palmas	25.4	D	30.0	1.1	0.393
	1994	6.7	LA—Hollywood Stor FF	25.5	D	40.0	1.9	0.439
	1994	6.7	LA—N Faring Rd	23.9	D	30.0	2.2	0.601
	1994	6.7	N. Hollywood—Coldwater Can	14.6	C	21.9	1.7	0.461
	1994	6.7	Sunland—Mt Gleason Ave	17.7	C	30.0	2.2	0.345
Loma Prieta	1989	6.9	Capitola	14.5	D	40.0	0.9	0.476
	1989	6.9	Gilroy Array #3	14.4	D	39.9	0.7	0.386
	1989	6.9	Gilroy Array #4	16.1	D	40.0	1.3	0.542
	1989	6.9	Gilroy Array #7	24.2	D	40.0	2.0	0.452
	1989	6.9	Hollister Diff. Array	25.8	D	39.6	1.3	0.363
	1989	6.9	Saratoga—W Valley Coll	13.7	C	40.0	1.4	0.465

地震事件	年份	M_w	测 站	震距 /km	场地类型 /NEHRP	持时 /s	调整 系数	调整后 PGA/g
Cape Mendocino	1992		Fortuna Fortuna Blvd	23.6	C	44.0	3.8	0.441
	1992		Rio Dell Overpass—FF	18.5	C	36.0	1.2	0.462
Landers	1992		Desert Hot Springs	23.3	C	50.0	2.7	0.416
	1992		Yermo Fire Statio	24.9	D	44.0	2.2	0.334

20 条地震记录计算的反应普的平均值、最大包络值和最小包络值及 NEHERP 计划中的反应谱如图 6.20 所示。平均反应谱和 NEHERP 计划中的反应谱具有很好的一致性。但是，最大包络反应谱和最小包络反应谱存在很大变异性。调整后 PGA 的平均值为 $0.43g$ 与 NEHERP 计划中的 PGA 的值（$0.4g$）接近。

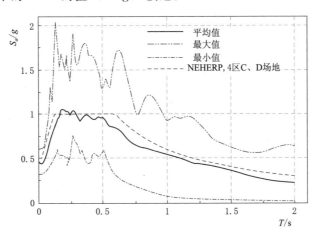

图 6.20　20 条地震波弹性反应谱

5. 非线性动力响应

图 6.21～图 6.33 分别给出了延性系数平均值 $\overline{\mu}_\Delta$、平均标准化最大加速度 $\overline{\alpha}_{\max}$、平均标准化耗能 $\overline{E}_{abs}$ 与滞回曲线参数 r、β、自振周期 T_0、强度因数 η 的关系。

从图 6.21 中可知，不论 γ、β 取何值，随着 T_0、η 值减小 $\overline{\mu}_\Delta$ 通常会增大；一般情况下，随着 γ 和 β 的增大， $\overline{\mu}_\Delta$ 会减小；当 $T_0 \leqslant 1.0s$、$\eta \leqslant 0.3$ 时， $\overline{\mu}_\Delta$ 值达到最大，但是此时随 γ、β 二者值增大、减小快。

由图 6.22 可知，当 $\eta=1$ 时，对于所有的 γ 和 β，SDOF 系统处于弹性阶段，平均标准化绝对加速度 $\overline{\alpha}_{\max}$ 和 T_0 的关系曲线基本趋于弹性反应谱。 $\overline{\alpha}_{\max}$ 对 β 的变化不敏感；当 η 值较低时， $\overline{\alpha}_{\max}$ 随着 γ 增加而增加。当 γ 增加到一定值时，对于所有 η 的取值， $\overline{\alpha}_{\max}$ 和 T_0 的关系曲线趋于弹性反应谱，体系处于弹性阶段。当 $T_0 \leqslant 0.5s$ 时，在强度因数 η 减小时， $\overline{\alpha}_{\max}$ 仍旧保持较大的值，这是屈服后强度（$\gamma \neq 0$）和较大位移延性共同作用的结果。

从图 6.23 中可知，一般情况下，T_0 和 η 值减小，平均耗能值 $\overline{E}_{abs}$ 增大，这种变化趋势与图 6.21 的 $\overline{\mu}_\Delta$ 变化趋势相似。但是，当 η 较小时， $\overline{E}_{abs}$ 增量较 $\overline{\mu}_\Delta$ 增量小。 $\overline{E}_{abs}$ 对 γ 增大不敏感，但同 β 关系较大，当 β 值增大 1 时， $\overline{E}_{abs}$ 值提高至原来 2 倍， $\overline{E}_{abs}$ 值增

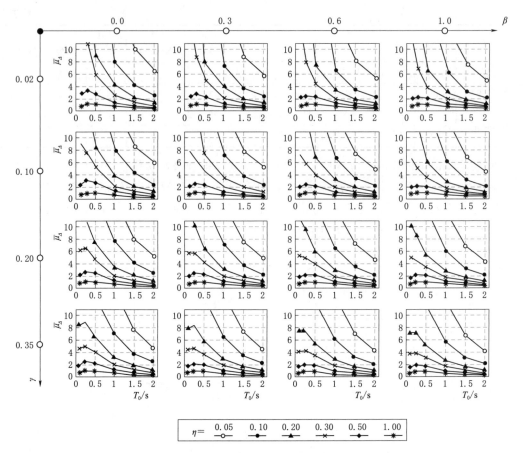

图 6.21 FS 模型的平均位移延性系数

大，说明了耗散能量较大，同时系统积累了较大非弹性变形。

为了比对 FS 模型与 EP 模型地震响应的区别，计算了在选择的地震波作用下 EP 模型的 $\overline{\mu}_\Delta$、$\overline{\alpha}_{\max}$、$\overline{E}_{\mathrm{abs}}$、$\overline{x}_{\mathrm{res}}$ 等响，结果如图 6.24 所示。从图 6.24（a）可知，同 FS 模型 SDOF 系统相似，随着 T_0 和 η 的减小，$\overline{\mu}_\Delta$ 值增大。如图 6.24（b）所示，在 $\eta=1$ 时，$\overline{\alpha}_{\max}$ 与 T_0 的关系曲线与弹性反应谱相似。$\overline{\alpha}_{\max}$ 随着 η 的减小而减小。当 $T_0=0.1\mathrm{s}$，$\eta\leqslant0.3$ 时，$\overline{\alpha}_{\max}$ 不随 η 减小而减小，这一点与 FS 模型相同，这也是由于 EP 模型屈服后刚变小和较大位移延性共同效果。如图 6.24（c）所示，随着 T_0 和 η 的减小，$\overline{E}_{\mathrm{abs}}$ 增大与 $\overline{\mu}_\Delta$ 的变化相同。众所周知，对于屈服强度低 FS 模型，降低 η 值后引起 $\overline{\mu}_\Delta$ 增大的幅度较 $\overline{E}_{\mathrm{abs}}$ 大。如图 6.24（d）所示，残余位移随着 T_0 和 η 的减小而增大，当 $\eta=1$ 时，地震结束时没有残余位移，但是当 η 较小（$\eta\leqslant0.3$），残余位移增大，并且受 T_0 影响增强。

通过图 6.24 同图 6.21、图 6.22 及图 6.23 的对比可以发现两种模型 SDOF 系统响应十分相似，但也有不同之处主要表现在以下 3 个方面：对于双线性弹塑性模型，至少有一个 FS 模型具有类似的 T_0、η 能够到达相同（或者略小）的位移延性，一般情况下 γ 和 β 取中间值时，可以很快实现；当 γ 值较小时，两者的最大绝对加速度响应相类似；对于 γ 值较大时，FS 模型响应较大，当 η 较小时更是如此；能量耗散方面，FS 模型耗散能量

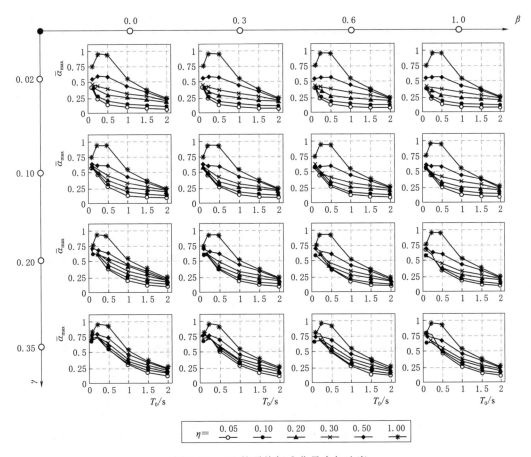

图 6.22 FS 的平均标准化最大加速度

少，在 β 值较小情况下，这种情况更明显。为了进一步比较两种模型的地震响应，每种模型各取 3 个不同的体系进行分析。通过调整 FS 模型体系使其 T_0 和 η 值与双线形弹塑性模型体系相同，计算得出了所选地震波作用下响应的平均值见表 6.4。由表 6.4 可知，$\overline{\alpha}_{\max}$ 随着 γ 增大而增大，EP 模型体系耗散能量较 FS 模型大。一定范围内，随着 β 增大 FS 模型体系能量耗散增大，并且没有残余位移。

表 6.4　　　　　　　　　　两种滞回模型 SDOF 系统响应对比

体系		T_0/s	η	γ	β	$\overline{\mu}_\Delta$	$\overline{\alpha}_{\max}$	$\overline{E}_{\text{abs}}$	$\overline{x}_{\text{res}}$
1	EP	0.25	0.5	—	—	2.28	0.55	2.39	0.61
	FS	0.25	0.5	0.10	1.0	2.10	0.56	2.46	0.00
				0.20	0.6	2.26	0.64	1.92	0.00
				0.35	0.3	2.27	0.73	1.48	0.00
2	EP	1.0	0.1	—	—	6.19	0.13	2.71	1.10
	FS	1.0	0.1	0.02	1.0	6.07	0.13	2.27	0.00
				0.20	0.6	6.45	0.22	2.00	0.00
				0.35	0.6	6.19	0.29	1.98	0.00

续表

体系		T_0/s	η	γ	β	$\overline{\mu}_\Delta$	$\overline{\alpha}_{\max}$	$\overline{E}_{abs}$	$\overline{x}_{res}$
3	EP	2.0	0.05	—	—	4.41	0.06	0.83	1.25
	FS	2.0	0.05	0.02	1.0	4.78	0.06	0.70	0.00
				0.20	0.6	4.50	0.09	0.55	0.00
				0.35	1.0	4.21	0.11	0.69	0.00

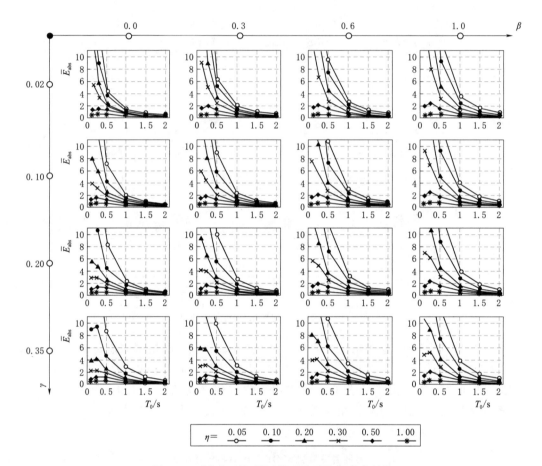

图 6.23 "旗帜型"滞回模型的平均标准化耗能

6. 非线性时程分析

为了进一步了解 SDOF 系统地震时程响应,建立 5 种滞回参数(表 6.5)的 SDOF 系统,分别记为:EP、FS1、FS2、FS3、FS4。结构的自振周期 $T_0 = 1.0s$,质量 $m = 4 \times 10^5 \, kg$,初始刚度 $k_0 = 1.58 \times 10^5 \, kN/m$。这些参数的取值与 7 层钢框架的结构参数相当。选取 Hollister Differ. Array 地震波,并将其峰值提高 1.3 倍(表 6.4),调整后的地震波如图 6.25 (a)。图 6.25 (b) 给出调整后地震波阻尼比为 5% 的加速度弹性反应谱,从图中可知与 20 条地震波加速度平均反应谱大致相符。

从表 6.5 可知,FS 最大位移较 EP 最大位移小,FS1、FS2 较 FS3、FS4 最大加速度

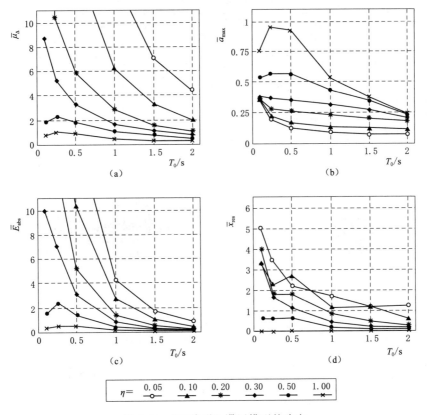

$$\eta = \quad 0.05 \quad 0.10 \quad 0.20 \quad 0.30 \quad 0.50 \quad 1.00$$

图 6.24 "双线形"滞回模型的响应

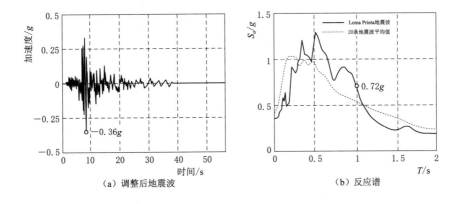

（a）调整后地震波 　　　　　（b）反应谱

图 6.25 调整后的 Loma Prieta 地震波及其加速度反应谱

响应大但能量耗散小。图 6.26 给出了 EP 和 FS4 的位移、加速度、吸收的能量时程曲线和位移与力的关系曲线。从图中可得，EP 的非弹性变形主要集中在一个方向，而 FS4 非弹性变形在两个方向基本对称。这主要由于 EP 体系在地震过程中受 $p-\Delta$ 效应的影响。FS4 与 EP 若强度因数 η 值相等，则能量耗散与 EP 相同，但是最大位移 EP 体系较小。FS 体系的残余位移较 EP 小，其值为 0。

表 6.5　　　　　　　　　　　　　　五种 SDOF 系统分析结果

体系	γ	β	η	Δ_y/mm	F_y/kN	Δ_{max}/mm	A_{max}/g	E_{abs}/(kN·mm)	Δ_{res}/mm
EP	0.02	—	0.10	24.85	3924	124.70	0.13	2.0×10^6	22.95
FS1	0.25	0.30	0.10	24.85	3924	110.72	0.20	7.4×10^5	0.00
FS2	0.25	0.30	0.07	17.40	2747	117.88	0.17	8.3×10^5	0.00
FS3	0.15	0.50	0.10	24.85	3924	110.00	0.16	1.1×10^6	0.00
FS4	0.15	0.50	0.07	17.40	2747	115.22	0.14	1.1×10^6	0.00

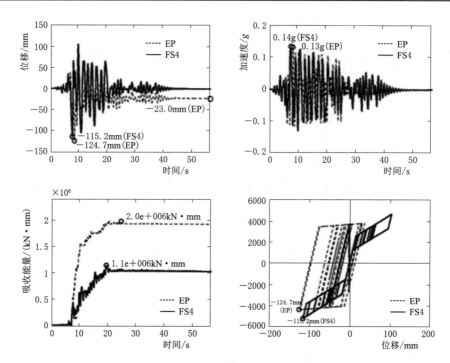

图 6.26　EP 和 FS4 非线性动力分析结果

通过分析可知，第一自振周期小、强度低的 SDOF 系统，减小位移延性系数应该增大 γ 值，而不是增大 β 值，结构第一自振周期长，强度高的 SDOF 系统，增大 β 值比增大 γ 值有效。FS 体系与 EP 体系的地震响应性质十分相似，通过调整 γ 和 β 的值，FS 体系可以在本质上相当或高于 EP 体系位移延性性能，但是 γ 和 β 的值并非唯一，一般情况下，二者值在 0.5～1.5，预应力自复位耗能装置可以达到要求。对于绝对加速响应，FS 体系大于 EP 体系，γ 值越大差别越明显。FS 体系耗能能力弱于 EP 体系，但是由于在在自复位结构体系中，结构的积累损伤仅限于可以替换的耗能装置，因此该指标不是十分重要。在 EP 体系中总是存在残余位移，并且第一自振周期 T_0 越小，强度越低，残余位移越大。

6.2.2　非结构构件对自复位结构地震响应影响

基于双折线弹塑性和理想"旗帜型"滞回模型参数化的 SDOF 系统，运用计算机数值分析了在地震响应的影响参数。变化相关参数改变滞回曲线的形状，研究地震响应指标（诸如残余位移等）的变化。但是以上研究忽略了实际结构中的内隔墙、梁柱节点、玻璃幕墙等因素的影响，由于在结构建模时，这些因素受材料、细部构造、施工方法等方面很大影响，同时增大了结构的刚度有利于结构地震响应故不予考虑。本节对这些因素对结构的震后残余位移及其他性能参数的影响进行了研究。虽然砌墙、楼梯梯段梁与主体结构刚接可以显著改变结构地震响应，但经过适当处理后不会转移侧向荷载，因此不再考虑之列。建筑外部墙体及墙面装饰材料可以运用和内部隔墙的相同的处理方法，因此只需要研究框架节点和内部隔墙对结构抗震性能的影响。

1. 内部隔墙

影响隔墙抗剪因素包括：墙板几何形状、墙板厚度、墙板方位、施工质量、装饰情况、紧固件间距、龙骨骨架、锚固方式等。对于内隔墙的安装方式常见的有 4 种方式见表 6.6。

表 6.6 龙骨石膏内隔墙连接方法

类别	固定方法及剪力传递
1	墙板或龙骨不与底部轨道连接；剪力的传递依靠摩擦力
2	隔墙龙骨通过铆钉或螺丝钉与底部轨道连接，但是石膏板不与底部或顶部轨道连接。具有一定剪力墙作用
3	龙骨和隔墙板与上下轨道连接，每块墙板四周通过紧固件与龙骨和轨道连接，完全同剪力墙
4	石膏板和框架支撑共同传递剪力

虽然实际应用中内隔墙多种多样，但是在数值分析时，采用 SDOF 系统来描述典型内隔墙的地震响应影响。表 6.6 中的类别 3 为常见的内隔墙施工安装方式。

由于内隔墙的长度和方位不同，采用隔墙密度 ρ_{wall} 来反应，表示楼层单位面积内沿第 i 个坐标方向隔墙的长度，采用式（6.25）计算所属单元的剪力

$$F_{ia-p}=\frac{\rho_{\text{wall}}A}{h}F_{i-p} \tag{6.25}$$

式中：F_{i-p} 为第 i 个坐标方向的内墙的剪力；F_{ia-p} 为计算单元面的内墙剪力；h 为隔墙的高度；A 为计算单元的附属面积。

2. 梁柱节点

框架结构的梁柱节点在建立结构计算模型时常认为是刚性连接或者铰接，但是，采用现浇混凝土楼板时梁柱铰接连接的假定与实际不符。由于柱的两侧都与梁连接，若假定一侧的弯矩为正则另外一侧为负。因此，梁柱节点柱中心线的弯矩与转角的关系曲线对称。图 6.27 给出了楼板为混凝土钢框架梁柱节点实验和数值模拟得到弯矩与转角的关系曲线。从图中可知，在转角为 0.04 时，由于混凝土楼板出现裂缝和压碎现象，所以弯矩下降，当转角进一步增大至 0.08 时，

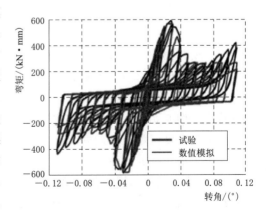

图 6.27 梁柱节点弯矩与转角关系

由于梁的翼缘收到柱子翼缘的支撑作用因此弯矩增大，但是在自复位结构中，因为结构的位移角大不到 0.08。计算时一般考虑结构楼板的参与效应而不考虑柱子翼缘对梁翼缘的支撑效应。

对于铰接框架假定梁柱为刚体，将梁柱节点的弯矩转化为剪力，考虑到不同跨的节点，采用式（6.26）：

$$F_{ia-bc} = N_{bc} F_{i-bc} \tag{6.26}$$

式中：F_{ia-bc} 为计算单元内梁柱节点剪力；N_{bc} 为计算单元内第 i 个坐标方向铰接框架跨数；F_{i-bc} 为第 i 个坐标方向单跨铰接框架梁柱节点的剪力。

内隔墙和梁柱铰接节点对结构残余位移具有两方面影响。一是增加了结构的刚度，减小结构最大位移。二是当进入非弹性阶段又会较弱结构恢复力，增大结构残余位移。对于没有回复力或回复力较小的结构，内隔墙和梁柱节点可以有效降低结构残余位移，但是，对于结构带有专门的复位系统，则这些因素会增大结构残余位移。梁柱节点比内隔墙对结构自复位能力影响更大，更能增加结构的耗能能力，因此也更能减小结构自复位能力。随着梁柱节点和内隔墙数量的增加，结构残余位移与最大位移比值增加。但是结构残余位移随着内隔墙数量增加量很小，甚至有时减小。这是因为随着内隔墙密度和节点数量的增加，结构刚度增大结构最大位移减小，导致残余位移量减小。

考虑到上述因素，通过大量的实验研究和数值分析可知，当 $\beta \leqslant 1.33$ 时，自复位结构可以保持良好的自复位能力，满足抗震需求。$\beta = 1.33$ 意味着恢复力至少是耗能系统屈服力的一半，可以有效地控制结构残余位移达到要求。当 $\beta = 2$ 时，γ 对结构的残余位移影响较大，当 $\beta < 2$ 时，γ 对结构的残余位移影响影响很小，主要是因为此时残余位移很小。无论 β 取何值，随着 γ_c 的增大，结构的参与位移增大，这主要由于改变了滞回环的形状。

结构高度增高，结构顶层的位移角减小。结构高度较小，当屈服强度低时，结构自复位能力低残余位移角略有增大，在一般情况下，采用其他构造措施减小残余位移效果不明显。震源距离对结构残余位有影响，一般情况下震源的距离越近，结构残余位移越大，这种影响随着结构高度和周期的增加减弱。

3. 概率自复位概念

为了实现结构的完全自复位往往将 β 的上限值取为 1。然而，Eatherton 等发现结构在地震作用下具有回归原位的趋势，即使当 β 大于 1.5 时，结构震后的实际残余变形也远小于以静力分析预测的残余变形。为此，提出了概率自复位这一概念，用以描述地震作用下，结构的残余位移比静力作用下减小的现象。图 6.28 给出了当 $\beta = 1.5$、$\gamma = 0.025$ 时系统力比值 F/F_y 与位移的关系曲线，从图 6.28 中可以看出当外力消失后结构不会停留在原来的状态。图 6.29 为 F/F_y 的概率密度函数，图中的尖角对应图 6.28 的曲线的平台区。利用概率密度函数，可计算 F/F_y 大于或小于某规定值的概率，即为特定值对应的轴线上方或下方曲线围成的面积。

图 6.28 中，最初的层间位移角为 0.2%，对应的负屈服力 F_{ny} 和正屈服力 F_{py} 分别为 $-0.42F_y$ 和 $+1.12F_y$。图 6.30 给出 $F < F_{ny}$ 的概率和 $F > F_{py}$ 的概率。从图中可知对于任何给定的计算（时间）步长内，概率值分别为 34% 和 14%。图 6.31 给出了给定力的概

率随初始层间位移角的变化曲线。如图所示，当残余位移为 0 时，结构在的正、负方向屈服的概率相等为 15%。$P(F>F_{py})$ 随着初始位移角增大而减小，原因是正屈服力增大；同理 $P(F<F_{ny})$ 随着初始位移角的增大而增大。概率值陡增，原因为在恢复力的作用下负屈服力急剧增大。

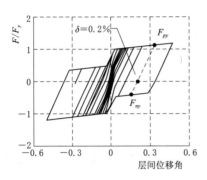

图 6.28　F/F_y 与层间位移角关系

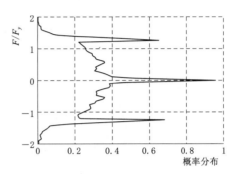

图 6.29　F/F_y 的概率密度函数

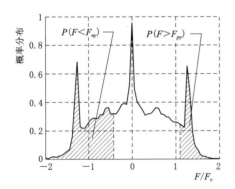

图 6.30　正负非弹性位移概率

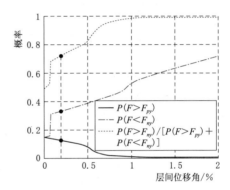

图 6.31　概率随层间位移角的变化

结构的非弹性变形 δ_{in}，出现在朝向零位移而不是零位移的概率

$$P(\delta_{in \to 0}) = \frac{P(F<F_{ny})}{P(F<F_{ny})+P(F>F_{py})} \tag{6.27}$$

如图 6.32 所示，在位移为 0 处，$P(\delta_{in \to 0})$ 为 50%，说明了非弹性变形在正负两个方向的概率相等。比如在位移角为 0.2% 处，非弹性位移趋向初始位置的概率为 71%（如图 6.31 中的圆点所示）。这些概率图提供了一种快速测定结构自复位的趋向。图 6.32 给出了 5 种不同结构体系的概率随位移变化曲线，如图所示，当 $\beta<2.0$ 时，在零位移方向上的屈服力绝对值减少的位移水平，$P(\delta_{in \to 0})$ 出现了陡增。

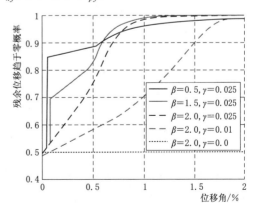

图 6.32　各种体系非弹性位移趋于零概率

　　正向动力强化提供了结构自复位的倾向，

由于包辛格效应正负向的屈服力的变化一致，以及在本构关系曲线弹性区域中保持不变。对于等向强化的材料不具有自复位倾向的效应，这是由于弹性区域的扩展，正负屈服力都不会接近零。强化系数（图中的 γ 值）越大，这种概率曲线增加约明显。对于理想弹塑性模型（图中 $\beta=2.0$，$\gamma=0$）没有自复位倾向，即 $P(\delta_{in\to 0})$ 为零。

6.3 自复位结构基于位移的抗震设计方法

6.3.1 自复位结构性能目标

自复位结构的工作要求给出了两种性能目标，其中性能目标包括 3 个地震水准和 3 个结构性能水准，见表 6.7。与我国规范中"小震不坏，中震可修，大震不倒"的性能目标相同。由于自复位结构本身的特点，在性能目标中又增加了残余位移角的性能指标。

表 6.7 自复位结构体系性能目标一

性能水准	地震动水准	位移角限值	残余变形角	结构构件	非结构构件
不坏	小震	0.004	0.001	无损	无损
可修	中震	0.01	0.005	小损	小损
不倒	大震	0.02	—	大损	大损

IBC-2006 中提出了基本设防地震强度水平（DBE）和大震（MCE）两个地震水准。其中 DBE 水平，50 年超越概率为 10%，与我国设防地震水平基本相当，MCE 水平 50 年超越概率为 2%，接近于我国罕遇地震水平。这两个地震强度水准已被国内外学者在结构的抗震设计中作为最重要的参考地震强度，近年来也被大量用于自复位结构的基于性能的设计。此外，耗能器的启动与停止是这类自复位结构的重要特性，过早启动可能会导致填充墙楼板等非结构构件的过早破坏，故其也是这类结构设计中所需控制的性能之一。所以综合 DBE、MCE 及耗能装置控制要求提出 3 个性能目标，及其相应的变形限值（层间位移角）、结构构件（梁、柱）和自复位耗能装置（耗能器单元和复位单元）的损伤状态。同时，考虑到经济和科技等水平的发展水平的不同，我国抗震设计和欧美等国的抗震水平及抗震要求等存在一定的差异，故抗震设防的性能目标必然有所不同。现阶段，我国《建筑抗震设计规范》（GB 50011—2010）和美国 ASCE 7-10 是目前结构抗震设计和研究领域的重要参考，所以，结合 GB 50011—2010 和 ASCE 7-10，分别提出自复位结构在我国和美国高烈度设防地区的抗震设防要求和性能目标以供后续的研究和设计参考。

自从《建筑抗震设计规范》（GB/J 11—1989）修订以来，我国抗震设计逐渐形成了三水准设防目标，即"小震不坏，中震可修，大震不倒"。通常将结构层间位移角作为结构损伤控制的主要指标，如我国规范提出了对应于不同损伤状态和不同结构体系的层间位移角限值。与传统结构的不同之处在于这类结构中将预应力筋作为一种重要的构件来实现结构的震后恢复。为了实现这种震后结构可恢复性能，梁柱的损伤状态也是这类结构设计中的重要控制指标。所以结合层间位移角的控制需求、梁柱的损伤、自复位单元的内力给出自复位结构 3 个性能目标（Performance objectives，PO）（其分别针对我国抗震规范的多遇地震、设防地震和罕遇地震三个地震水平），具体如下：

PO1：结构在罕遇地震水平，梁与柱均处于弹性变形范围，且耗能器不启动，以保证非结构构件不会因为梁柱间的相互位移而导致变形，发生损伤。

PO2：在 DBE 水平，如填充墙和装饰构件等非结构构件仅允许发生轻微损伤，所有梁柱均保持在弹性变形范围内，预应力筋不发生屈服以保证足够的结构可恢复性能。有学者将 1.0% 作为自复位结构在设防地震水平结构层间位移角的限值，且研究表明该限值可以较好实现装配式混凝土框架梁柱等弹性变形的性能要求，同时又不需要过高的经济投入。所以，将 1.0% 的层间位移角作为该设计性能目标的设计限值。

PO3：自复位结构在 MCE 水平地震作用下不仅不倒塌，而且要满足大震可更换、可修复的设防目标。所以在 MCE 水平，仅允许少数梁、柱有轻微损伤，且预应力筋不发屈服以保证结构在预应力作用下拥有足够的自复位能力从而保持较小的残余变形。我国抗震规范中给出了结构弹塑性层间位移角的限值为 2.0%，所以将层间位移角 2.0% 设置为该性能目标的设计限值。

某些重要结构大震后不需维修或者稍微修复后便可立即投入使用，否则会造成巨大损失。此时，需要提高结构抗震性能目标，采用性能目标二，见表 6.8，使得在大震后，自复位结构仍然可修甚至保持弹性，更能发挥自复位结构体系的优势，有利于实现可修复能力强的结构（甚至城市）这一目标。

表 6.8   自复位结构体系性能目标二

性能水准	地震动水准	位移角限值	残余变形角	结构构件	非结构构件
不坏	中震	0.004	0.001	无损	无损
可修	大震	0.02	0.005	无损	小损

6.3.2 自复位结构设计步骤

在确定了自复位结构目标性能后，便可进行设计。自复位结构的设计步骤与其他结构设计步骤基本相同，主要步骤如下：

1. 根据目标位移

基于结构特点及业主需求，确定结构抗震性能指标及设计位移。

2. 确定等效 SDOF 系统

基于结构第一振型将结构的目标位移转化为 SDOF 系统，利用式（4.18）、式（4.30）及式（4.32）可分别计算出设计位移 Δd、等效质量 m_e 及等效高度 H_e。

3. 估算等效阻尼比

对于自复位耗能结构，其性能主要由自复位耗能装置的性能确定，因此其设计位移、屈服位移和延性系数等参数应根据复位、耗能系统确定。自复位耗能支撑可利用式（5.18）、式（4.31）确定屈服位移 Δ_y，设计屈服位移 $\Delta_{yd} = \kappa \Delta_y$，一般情况下取 $\kappa = 0.8$；用设计位移角 θ_d 替代式（4.31）中的 θ_y 计算出支撑的设计位移 Δ_d；然后，用 Δ_{yd} 代替式（4.33）中的 Δ_y 计算延性系数。等效阻尼包括结构弹性阻尼和耗能器的滞回阻尼，可以采用式（4.12）计算，其中弹性阻尼按规范确定，自复位耗能器的滞回阻尼比由滞回曲

线确定，耗能结构的滞回阻尼为

$$\xi_{hyst} = \frac{\beta(\mu_d - 1)}{\pi[1 + \gamma(\mu_d - 1)]} \tag{6.28}$$

式中：μ_d 为结构设计位移延性系数；γ 为屈服后刚度系数；β 为结构自回复系数。

4. 确定等效 SDOF 系统底部剪力和屈服力

利用式（4.13）（或如图 6.33 运用调整后的位移反应谱）得到等效周期 T_e 后，运用式（4.1）、式（4.2）分别得出等效 SDOF 系统的有效刚度 K_e、底部剪力 V_b，最后采用式（4.41）将底部剪力分配给各楼层。SDOF 系统的屈服力为

$$F_y = \frac{V_b}{1 + \gamma(\mu_d - 1)} \tag{6.29}$$

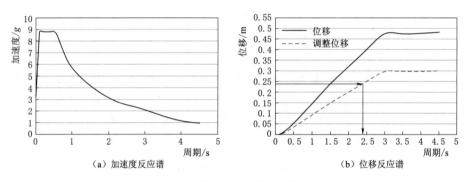

（a）加速度反应谱　　　　　　　　　（b）位移反应谱

图 6.33　设计反应谱

5. 等效自复位耗耗能装置参数确定

根据前面确定的滞回曲线参数，计算回复单元和复位单元的力学参数，等效耗能装置的屈服力 $F_{D,y}$、K_0 为

$$F_{D,y} = \frac{\beta_f}{2} F_y; K_0 = \frac{F_{D,y}}{\Delta_{D,y}} \tag{6.30}$$

式中：F_y 为结构屈服力；K_0 为旗形滞回曲线的初始刚度，一般情况下为耗能装置启动前的结构初始刚度。

结构复位体系的极限承载力

$$F_{S,u} = V_b - F_{D,y} \tag{6.31}$$

最后采用式（4.41）将底部剪力分配给各楼层，进而计算得到各层地震剪力和弯矩确定耗能装置的设计参数。

6.3.3　自复位支撑框架设计实例

1. 结构设计概况

如图 6.34 所示，结构平面尺寸为 $25\text{m} \times 25\text{m}$，共 5 层，每层层高均为 3.5m。南北方向的支撑布置在最边上两榀框架上，另一个方向的支撑布置在结构内部框架中，图 6.34（a）中的双线示意的框架为布置支撑的框架，支撑采用对称单根斜撑，如图 6.34（b）所示。由于平面形状对称，可以忽略扭转的影响，每个方向的侧向力平均分成

4份，每份由4个支撑及其所分担的主体梁柱按按刚度分配，本例选用东西方向的框架进行设计。结构竖向荷载按规范计算，每层总重力荷载代表值4000kN，顶层重力荷载代表值为3200kN。结构为全钢，梁柱采用的钢材类型为Q345。支撑框架柱1～3层采用H380mm×380mm×16mm×26mm，4～6层采用H360mm×360mm×16mm×26mm，其他框架柱采用H370mm×370mm×14mm×20mm，梁采用H350mm×350mm×12mm×20mm。

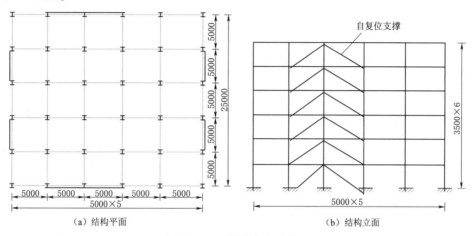

（a）结构平面　　　　　　　　　　　（b）结构立面

图6.34　结构平立面示意图

2. 结构设计

（1）确定位移目标。根据结构的性能目标要求，本算例中将位移角的1/20作为了设计位移限值。

（2）确定等效SDOF系统参数。将$H_n=21$m代入式（4.21）可得非弹性位移模态，如表6.9中第4列，利用式（4.19）可得各层设计位移，$\Delta_i=\delta_i\left(\dfrac{0.02\times3.5}{0.213}\right)=0.329\delta_i$，计算结构见表6.9第5列。将表6.9的第6、7列代入式（4.18）后，得到设计位移$\Delta_d=\sum\limits_{i=1}^{n}(m_i\Delta_i^2)/\sum\limits_{i=1}^{n}(m_i\Delta_i)=115.63/476.6=0.243$（m）。将表6.9的第6、8列代入式（4.32）后，得到等效高度，$H_e=\sum\limits_{i=1}^{n}(m_i\Delta_iH_i)/\sum\limits_{i=1}^{n}(m_i\Delta_i)=14.4$（m）（约为建筑总高度的70%）。

表6.9　　　　　　　　　　　　　　等效结构初始计算参数

楼层 i	层高 H_i/m	质量 m_i/t	δ_i	Δ_i	$m_i\Delta_i$	$m_i\Delta_i^2$	$m_i\Delta_iH_i$
6	21.0	320	1.000	0.329	105.2	34.59	2210
5	17.5	400	0.880	0.290	115.7	33.46	2025
4	14	400	0.741	0.243	97.4	23.72	1364
3	10.5	400	0.583	0.192	76.7	14.71	806
2	7	400	0.407	0.134	53.6	7.17	375
1	3.5	400	0.213	0.070	28.0	1.99	98
合计					476.6	115.63	6877

由式（5.18）可得，$\theta_y = \sqrt{[(5/3.5)^2+1](10.0018)^2-1} - 5/3.5 = 0.004$ 则，$\Delta_{dy} = 0.004 \times 14.4 \times 0.8 = 0.046$(m)。$\Delta_d = 14.4 \times 0.02 = 0.288$(m)，所以 $\mu_d = 6.3$。

（3）确定结构等效阻尼。取 $\beta = 0.8$，$\gamma = 0.04$，由式（6.28）$\xi_{h,yst} = \dfrac{\beta(\mu-1)}{\pi\mu[1+\gamma(\mu-1)]} = \dfrac{0.8 \times (6.3-1)}{6.3\pi \times [1+0.04 \times (6.3-1)]} = 0.176$，由前面分析可知，需对 $\xi_{h,yst}$ 进行修正，保守地取 $\mu_d = 6.0$；由图 4.3 可知 $R = 0.937$；由表 4.3 可得，$\lambda = -0.43$，则由式（4.12）得，$\zeta_e = u^\lambda \zeta_{el} + R\xi_{hyst} = 6.3^{-0.43} \times 0.02 + 0.937 \times 0.176 = 0.173$。

（4）计算底部剪力和自复位系统屈服力。本例不考虑近场地震脉冲波的影响由式（3.27）得，$R_\zeta = \left(\dfrac{0.07}{0.02+\zeta_E}\right)^{0.5} = \left(\dfrac{0.07}{0.02+0.173}\right)^{0.5} = 0.602$，则周期 $T_c = 4s$，$\zeta = 0.173$ 对应的拐角位移为，$\Delta_{C,0.173} = 0.602 \times 0.75 = 0.452$(m)。将表 6.8 的相关数据和 Δ_d 代入式（4.30）得，$m_e = \sum\limits_{i=1}^{n}(m_i\Delta_i)/\Delta_d = 476.6/0.288 = 1655$(t)。由式（4.13）得等效周期，$T_e = 4 \times \dfrac{0.288}{0.452} = 2.55$（s），然后由式（4.1）计算得，$k_e = 4\pi^2 m_e/T_e^2 = 4\pi^2 \times 1655/2.55^2 = 10037$(kN/m)，最后由式（4.15）得底部剪力为，$V_b = k_e\Delta_d = 10037 \times 0.288 = 2891$(kN)。计算等效屈服力，由式（6.29）得，$F_y = \dfrac{V_b}{1+\gamma(\mu-1)} = \dfrac{2891}{1+0.04 \times (6.3-1)} = 2385$(kN)。耗能支撑的等效耗能元件的性能可由 F_{Dy}、Δ_{Dy} 以及 μ_{Dy}，确定，根据式（6.30）得，$F_{Dy} = \dfrac{\beta_F}{2}F_y = 0.4 \times 2385 = 954$(kN)；$F_{su} = F_u - F_{D,y} = 2891 - 954 = 1937$(kN)；$K_0 = F_{D,y}/\Delta_{D,y} = 954/0.046 = 20739$(kN/m)；$F_{s,y} = \dfrac{F_u - F_{D,y} - r\mu F_y}{1-r} = \dfrac{2891 - 954 - 0.04 \times 6.3 \times 2385}{1-0.04} = 1392$(kN)。

（5）自复位耗能装置的设计。至此得出底层的设计参数见表 6.10。然后，利用式（4.41）计算出各层地震作用并求出各层剪力后按照上述步骤计算出其余各层自复位系统和耗能系统的设计力学参数。

表 6.10　　　　　　　　底 层 设 计 参 数

参数	β	γ	μ	(k_0/K_n)/m	$F_{D,y}$/kN	F_{su}/kN	$F_{S,y}$/kN	Δ_d/mm
取值	0.8	0.04	6.3	20739	954	1937	1392	288

第 7 章　建筑抗震性能的评估方法

在现代都市，部分建筑早已超越了最初的为人类提供庇护所的功能，成为重要的社会支持系统，比如医院，能源、交通、通信系统的控制中心，大型的金融数据中心等，其破坏或功能中断都有可能导致大规模的社会组织的崩溃。对于这样的建筑，仅仅按照设计规范的要求控制其在地震下的人员伤亡和建筑结构破坏程度是不够的。对于具有重要的文化、群体意识和象征意义的建筑也应对其地震后的影响和后续恢复措施进行考虑。而对于次重要的建筑，如果已经决定了在某个级别的地震后将其推倒重建，那么在保证人员安全的前提下过度控制结构破坏也很可能是毫无意义的。在 2011 年新西兰基督城地震中，由于大量建筑严重破坏，没有修复的价值，导致整个基督城中央商务区有 70％ 的建筑必须拆除重建。基督城较高的 51 栋建筑，虽然无一倒塌，但是其中 37 栋在震后也被迫拆除。住宅建筑中，超过 10 万个住房破坏，1 万个住房需要拆除，2013 年 4 月新西兰政府估计的重建总费用将达到 400 亿美元。这个示例充分说明考虑地震后重建的需求而对不同的建筑设置不同的性能等级的重要性。因此，对建筑抗震性能进行评估，将性能目标与建筑可能遭受的损伤及其可能造成的人员伤亡、建筑使用功能丧失、修复或重建费用等后果联系起来，合理地考虑了结构响应分析准确程度和地震风险水平的不确定性，最终得到的性能评估结果是人员伤亡、修复费用和修复时间等性能指标的概率分布，FEMA P-58 提出了建筑性能评估方法就能满足这些要求。

7.1　FEMA P-58 理论概述

为了量化不确定性以及采用更加明确的性能指标，美国太平洋地震工程研究中心提出的新一代基于性能地震工程的全概率方法，并在 2012 年给出了 FEMA P-58 理论和实施方法，用关键地震性能指标的概率表达地震性能，称为性能函数，如图 7.1 所示，关键地震性能指标包括人员伤亡、修复造价、修复时间和环境因素（诸如 CO_2 排放量、能源消耗和垃圾填埋等）等。地震损失概率按式（7.1）确定

$$地震损失概率 = \iiint \{PM \mid DS\}\{DS \mid EPD\}$$
$$\{EPD \mid I\} \qquad (7.1)$$

式中：PM 为性能指标，如对应于某一损伤状态的修复造价等；DS 为结构损伤状态；EPD 为

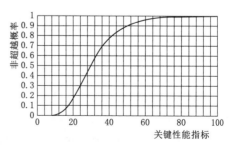

图 7.1　结构典型能函数

工程需求参数，如对于某一地震强度，构件塑性转角需求的反应量等，I 为地震强度。

7.1.1　评估方法

1. 基于地震强度的性能评估

基于地震强度的性能评估基于特定地面运动强度（如阻尼比 5% 的弹性加速度反应谱），确定其性能函数，评估房屋在某一选定的地震强度下，其抗震性能指标（人员伤亡、修复或重建费用、中断使用时间等）的概率分布。主要解决两个问题：①如果某一建筑遭遇相当于其设计强度地震，所需要的平均修复费用为多少？修复费用超过某一值（如 100 万元）概率是多少？②如果某一建筑遭遇其相当于其罕遇烈度地震，所需的平均修复需多长时间等。

2. 基于地震情境的性能评估

基于建筑场地的震级和震中距的特定地震情境，确定其性能函数，评估房屋在某一地震情境事件发生后，其抗震性能指标（人员伤亡、修复或重建费用、中断使用时间等）概率分布。地震情境事件中主要包括两个重要参数：地震震级和场地距断层之间距离。然后根据地震震级和震中距离确定地震动强度参数，一般适用于该场地的地震衰减率模型推算具有 5% 阻尼比弹性加速度反应谱，包括反应谱平均值和变异系数。这种评估方法应考虑反应谱的变异性对结构反应和抗震性能指标的影响。主要解决两个问题：①若距某一建筑 x km 处发生 M_w 级地震，该建筑震后所需要的平均修复费用为多少？修复费用超过某一值（如 100 万元）概率是多少？②若某断层发生 M_w 级地震，位于某地的某一建筑受损，死亡忍受超过 y 人的概率是多少？

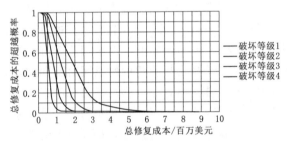

图 7.2　4 种强度地震建筑修复费用超越概率

图 7.2 表示对某一房屋进行 4 种不同强度地震的性能评估结果，地震强度等级由 I_1 至 I_4（相应于小震、中小地震、中震和大震）依次递增。每条曲线表示某一强度地震下，修复费用超过某一特定金额之概率。

3. 基于地震危险性的性能评估

考虑建筑服役期间所有可能发生的地震情况和每种情况发生的概率，确定其性能函数，评估建筑物抗震性能指标的年超越概率；也可以推算在某一时段内，抗震性能指标超越某个数值的概率。地震灾害曲线是概率地震危险性分析的结果，表示某一场地地震强度（可以是最大地面加速度或某周期的加速度反应谱值）的年超越概率，如图 7.3 所示。

评估结果如图 7.4 所示，横坐标为房屋性能指标（此处为修复费用），纵坐标为年超越概率。由图可知，修复费用超过 100 万元的年超越概率为 0.5%。由图中曲线所围成的面积即为潜在的地震灾害所导致的年平均修复费用，约为 34000 元，此值可作为保险公司制定保险费用的依据。

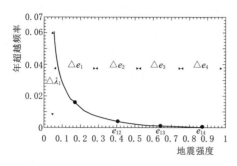

图7.3 地震危险性曲线与地震强度参数

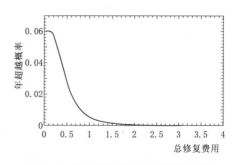

图7.4 总修复费用年超越概率曲线

这种评估拟解决两个问题：①位于某市某地点的建筑物，其每年因为地震破坏所需花费的平均修复费用值。修复费用超过某一数值的年超越概率值。②某一办公楼，在未来30年内，因地震而需停用超过一个月的概率。

7.1.2 评估过程

1. 建立建筑性能模型

建筑性能模型为一个有序的数据集合，包含以下内容建筑物的基本数据：建筑物尺寸、重建成本、重建时间、人员流动模型、结构构件信息，非结构构件信息等。FEMA P-58中的建筑物性能模型将建筑物中所有易受地震影响构件分为易损性组和性能组。易损性组为对地震损伤具有相似敏感性和相似后果的一类构件，如混凝土外挂板、装饰玻璃、天花板吊顶、石膏板、照明吊灯等非结构构件；以及钢和混凝土框架、混凝土楼板，混凝土、砌体和木承重墙等结构构件。每个易损性组依据建筑技术指标、成本估计和成本分析的基本分类统一格式（NIST）进行分类，内容包括：构件描述；可能的损伤状态描述；损伤参数识别；每个损伤状态对应的反应参数的中位值和离差；各损伤状态之间的逻辑关系；描述损失分布的结果函数。对于损伤状态，选用离散状态表示，它是与修复方法、生命损失或震后居住状况相关的唯一结果。例如，对于混凝土墙，第1个损伤状态是包括所有用环氧注入的裂缝大小和严重程度；第2个损伤状态是除环氧注入裂缝以外，需要重新浇筑混凝土的裂缝和混凝土剥落部分；第3个损伤状态是与需要更换墙中已屈服和压曲的钢筋有关的损伤状态。

性能组是具有相同地震需求的易损性组的子集，包括符合特定易损性组、且遭受相同地震需求的建筑构件，地震需求可以是楼面峰值加速度或层间侧移。例如，一栋3层建筑的外挂墙可能有6个不同的性能组，每组包括特定层和特定方向的外挂墙板，因为建筑物在每层和每个方向的侧移可能不同。如位于第一层的外挂墙板，包括东西方向和南北方向的外挂墙板两种情况；同样，位于第2、3层的外挂墙板，也各包括东西方向和南北方向的外挂墙板两种情况。结果函数是考虑造价和效益不定性的统计分布，可根据修复量和难易程度调整。

FEMA P-58报告提供了700多个易损组的全部数据，包括结构和非结构构件的变化。易损组库包括混凝土、砌体、钢和木结构体系，建筑物外围护构件和玻璃幕墙，电梯，机械、电器和管道体系。提供的不同易损性规定考虑了不同的抗震构造情况。这些易损性组采用峰值楼面加速度或峰值层间侧移作为需求参数确定损伤状态。未采取固定措施构件的滑移和倾覆用峰值速度作为预测需求。建筑物人口模型用于确定人员伤亡，是每 $1000ft^2$ 楼层空间中每一天的不同时段以及每周的不同天的人员数目。FEMA P-58 报告提供了 8 类不同建筑物的人口模型，包括教育、医疗保健、招待、办公、研究、住宅、零售和仓库建筑。

2. 建筑物的地震反应模拟

FEMA P-58 方法允许采用两种方法计算结构的地震反应。优先采用非线性动力分析方法，用目标地震动强度表示的多组地面运动进行分析。根据多组分析结果，提取关键反应参数的中位值和变异系数，以及相关矩阵和变异性。对于具有中等非弹性需求的低、中层结构，可采用简化分析方法，即采用弹性等效侧向力方法。

建筑物地震响应模拟用于分析建筑物对于地震动的响应，生成用于预测建筑物中结构构件和非结构构件损伤情况的响应需求参数，关键的响应需求参数包括楼层峰值加速度、楼层峰值速度、层间位移角和残余位移。其中，残余侧移是确定损失的一个重要参数。FEMA P-58 方法推荐将残余侧移作为峰值瞬时侧移的一部分，如用峰值瞬时侧移与屈服侧移之比来度量，宜考虑非弹性反应量。

3. 确定地震风险水准

地震风险水准表征灾害地震的方式，取决于评估方式和结构分析方法。对于基于地震烈度的评估，必须选用能够表示相应烈度的弹性加速度反应谱。如果采用简化方法进行结构分析，则需要确定与结构两主轴方向的每一方向结构基本自振周期相应的谱反应加速度，并作为结构分析的输入。如果采用非线性时程分析方法进行结构分析，则需要一组峰值加速度经过调整的地面运动记录。如果选择的地面运动记录与目标谱在形状上一致，则需采用 7 条地面运动记录进行分析；否则，需至少对 11 条地面运动记录进行分析。

对于基于地震情境的性能评估，必须采用地面运动预测模型确定与震级、震中距相应的平均加速度反应谱。如果采用简化方法进行结构分析，需要从与结构基本周期相应的中位值谱中提取谱加速度。如果采用非线性时程分析方法进行结构分析，则需要一组峰值加速度经过调整的地面运动记录。与地面运动预测方程相关的离差应合并到反应统计中，以考虑给定场景地面运动的不确定性。对于基于地震危险性的评估方法，必须确定建筑有效基本周期处建筑场地谱反应加速度地震灾害曲线（图 7.3），有效基本周期取建筑两主轴方向的每一方向基本周期的平均值。然后，将地震灾害曲线分为 8 段，范围从几乎不产生损伤的谱加速度到与显著影响累积损伤相应的谱加速度，影响频率可取年频率为 0.0002。对每个地震灾害曲线段，取其中心处对应的谱加速度，采用基于地震烈度的评估方法进行评估。根据 8 段分别基于烈度的评估结果，采用数值积分方法进行基于地震危险性的评估，并考虑灾害发生的年频率进行加权。

4. 建立建筑物倒塌易损函数

建筑物倒塌是造成人员伤亡的主要原因，因此要对倒塌引起的地震伤亡进行评估，对建筑物的倒塌易损性进行分析。倒塌易损性函数表示建筑物遭遇局部或整体倒塌的概率，它是与建筑物基本周期相对应的谱反应加速度的函数，如图 7.5 所示。倒塌易损性函数取用中位值和离差表示的对数分布形式，可采用增量动力分析方法确定倒塌易损性，但此法费时。另一个方法是，对若干个地震水准，根据有限数量分析获得的倒塌数，推断倒塌易损性。也可将倒塌易损性与 Pushover 曲线进行结合，或采用工程判断确定倒塌易损性。对于给定的倒塌情况，必须识别唯一的倒塌模型和每个倒塌模型发生的概率。每个倒塌模型用上部楼层倒塌所掉落的残骸占本楼层面积的百分率表示。

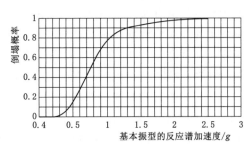

图 7.5　建筑结构的倒塌易损性曲线

5. 性能计算

用统计模拟法确定损失的可能分布。应用由结构分析得到的反应中位值和离差来考虑模型离差和地震情境反应的不确定性，将需求组装到中位值矩阵和相关性矩阵，以产生数以万计的模拟反应状态。每个反应状态与一个"评估结果"相应，"评估结果"表示与一个烈度或地震情境相应的建筑地震反应的一个可能结果。对于每个评估结果，计算损失的过程如图 7.6 所示。

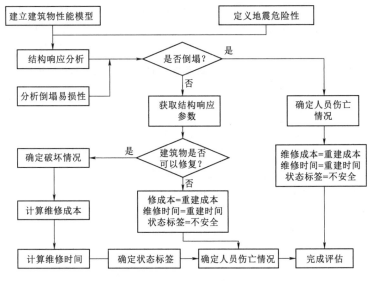

图 7.6　结构性能计算流程图

用检查随机整数从 0 到 100 的损伤易损性函数判断是否发生倒塌。如果对于与某一评估结果相应的地震烈度，从倒塌易损性得到的倒塌概率大于或等于随机整数，则假定发生倒塌。如果发生倒塌，再次应用随机整数和每个倒塌模型发生的概率确定倒塌模型。再次，应用随机整数确定倒塌发生的具体时间（一周的某一天和一天的某小时）。这个信息用于确定倒塌建筑面积上的人员数量。与用户提供的倒塌建筑面积内人员死亡和严重伤害的概率一起，可得到人员伤亡数目。修复造价和修复时间取建筑物重建造价和重建时间，而与确定的模型无关。如果预测建筑物不倒塌，则必须确定建筑物内每个易损性构件的损伤状态。这可根据性能组来确定。

建立建筑性能损伤模型时，必须识别损伤与性能组构件的相关性。如果相关，性能组中的所有构件具有相同的损伤程度。对于相关的性能组，该法采用随机数和性能组易损性函数确定已经发生的损伤状态。对于不相关的性能组，确定每个构件的损伤状态。重复上述步骤，直至建筑物中的每个易损性构件的损伤状态被确定。然后，应用结果函数和产生的附加随机数，确定与这个损伤状态相应的结果，包括修复造价、修复时间、人员伤亡等。

最后，需确定建筑物不能修复的残余侧移。推荐的残余侧移易损性为具有中位值为 1‰ 永久层间侧移和离差 0.4。将与模拟需求相应的残余侧移与残余易损性进行比较，确定建筑物不能修复的概率，随机数用于可修复性。如果建筑物是不可修复的，则修复造价和修复时间取相应的重建值。

将上述过程重复数千次。然后，将每一个评估结果（如修复造价等），按照从小到大进行组装。

7.2　钢框架结构抗震性能评估

在前一节介绍 FEMA P‐58 理论的基础上，针对 3 种不同的钢框架结构，采用 OpenSees 软件建立了有限元模型，选取合适的地震动记录并调幅，对钢框架结构进行了非线性结构响应分析。针对多遇地震、基本地震、罕遇地震、极罕遇地震 4 个地震动强度，使用 FEMA P‐58 理论中基于强度的方法，给出了进行抗震性能评估及地震损失分析的具体操作流程，并对比了带支撑钢框架结构在个地震动强度下的结构响应情况及地震损失结果。

7.2.1　结构参数

采用如图 7.7 所示的结构，两种节点分别采用延性低的普通焊接节点和延性较高的削弱翼缘节点。结构荷载取值和设计分别遵照 USC97 和 AISC 360，设计结果见表 7.1。取④轴一榀框架进行分析［图 7.7（c）］。带支撑框架的结构性能参数为 7.5，纯框架的结构性能参数为 8.5。采用如图 7.8 所示的三种模型来模拟以上三种不同梁柱节点。运用弹簧模拟节点区域和钢梁两端塑性铰的非线性性能。如图 7.8（a）、（b）所示，用一根三线性扭转弹簧模框架节点区域的非线性，用两根双线性性能扭转弹模拟梁端的塑性铰性能，通过调整塑性铰长度 L_p，满足不同位移延性；在本例中图 7.8（a）模拟低延性节点，图 7.8（b）模拟高延性节点。采用图 7.8（c）所示，采用四根双线性旋转弹簧来模拟支撑框架节点的非线性性能。采用基于力的梁柱单元模拟框架的梁柱；采用纤维单元模拟支撑框架的支撑。

表 7.1　　　　　　　　　　　　　　　　结 构 构 件 截 面 参 数

带 支 撑 框 架						纯 框 架			
柱	截面	梁	截面	支撑	截面	柱	截面	梁	截面
C1	□180×16	B1	IPE300	Br1	2UNP100×10	C1	□180×16	B1	IPE330
C2	□180×10	B2	IPE270	Br2	2UNP90×10	C2	□180×16	B2	IPE300
C3	□160×10	B3	IPE240	Br3	2UNP80×8	C3	□180×16	B3	IPE270
C4	□140×10	—	—	Br4	2UNP70×8	—	—	B4	IPE540
—	—	—	—	—	—	—	—	B5	IPE220
—	—	—	—	—	—	—	—	B6	IPE200

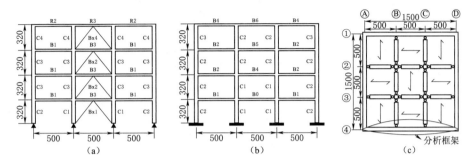

图 7.7　结构模型示意图（单位：mm）

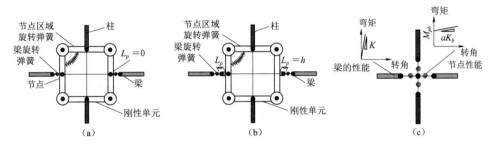

图 7.8　节点区域的模拟单元简图

　　采用 Opensee 软件中的运用塑性铰的长度作为刚性和半刚性的判断标准。为了考虑相邻内部框架重力荷载对所分析框架的影响，因此采用了支撑柱来考虑，支撑柱为刚性单元，通过两端铰接刚性梁与主体结构连接。这样不传递弯矩，内部框架的重力荷载（由于对称一般为一半）以节点荷载的形式施加给刚性梁，若结构在侧向荷载作用下产生侧向位移，这些节

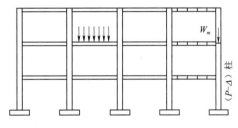

图 7.9　纯框架支撑柱模型示意图

点荷载就会产生二阶弯矩作用于主体框架，同时考虑了 $P-\Delta$ 效应的影响，如图 7.9 所示，结构第一周期见表 7.2。

表 7.2	结　构　第　一　周　期		单位：s
	纯框架（高延性）	纯框架（低延性）	支撑框架
数值模拟	1.005	0.75	0.35
规范计算	0.577	0.577	0.33

7.2.2　地震波的选择

　　在结构抗震性能评估中所选择的地震波应该能够反映本区域地震的活动性。通常情况下，由于某些区域缺少足够数量的地震波记录，只能借用别的区域地震波记录，地震波的平稳期虽然不完全相同，但是地震的震级、距振源的距离、场地地质和土壤类型相似。根

据以上原则用了 22 条地震波。图 7.10 给出了所选择地震波记录震级与选择的地震动距离。

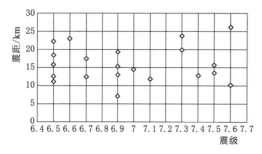

图 7.10　所选地震波的距离与震级

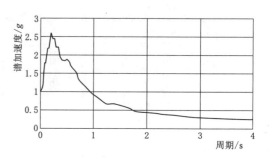

图 7.11　所选择地震波平均反应谱

7.2.3　增量动力分析

增量动力法可以用来评估结构在不同强度地震作用下的抗震性能，主要是通过分析不同强度地震记录作用下结构非线性位移，来确定或者检验结构的抗倒塌能力。由于分析过程是非线性动力分析过程，因而能较好地反映结构在未来可能遇到的不同强度地震作用下刚度、强度以及变形的全部过程。

将同一条地震动的幅值按比例逐级放大，对同一结构进行多次非线性动力分析，直至结构倒塌或者处于动态不稳定状态，提取结构在各次动力时程分析中的最大响应值。然后，在以地震动强度度量 IM 和结构损伤度量 DM 分别为横、纵坐标的图上将每个 IM 对应的非线性分析得到结构 DM 点连成曲线便得到单条地震动的增量动力分析曲线（亦称 IDA 曲线），通过 IDA 曲线可以确定结构的地震需求或抗震性能。

描述地震动的强度指标 IM 有很多，常见的有峰值地面加速度 PGA、谱加速度 $S_a(T_1)$ 等。其中，$S_a(T_1)$ 含义是与结构弹性基本周期对应的有阻尼的谱加速度值，该指标是国内外研究中使用较为广泛的地震动强度指标。结构的地震动的损伤指标 DM 一般用一个非负变量描述，常见的有最大层间位移角 θ_{max}、顶层位移角 θ_n、层间位移角 θ_i（$i=1$、$2\cdots n$，其中，n 为结构层数）、损伤指数等。

由于增量动力分析曲线与地震记录选取有关，单一的曲线不能完全预测出结构的行为，因此，一般选择一系列地震动记录对结构进行分析。按照概率统计的方法得到规定百分位的增量动力分析曲线。图 7.12 给出了以谱加速度为 IM 指标，以最大层间位移 θ_{max} 为 DM 指标，在 22 条地震动作用下三种框架的 22 条增量动力分析曲线，其中图（a）为低延性框架，图（b）为高延性框架，图（c）为支撑框架。图 7.13 为三种框架百分位数为 50% 的增量动力分析曲线。

易损性曲线反映了结构构件和非结构构件的性能及薄弱部位。由于抗震设计基于结构抗震性能，并对结构可能经受诸如地震、火灾等潜在危害合理控制又十分必要，因此，需对建筑物结构体系和非结构体系进行易损性评价，并对灾害可能造成的损失进行评估并做出合理的处理。

采用基于性能抗震设计的结构在未达到预定性能水准时不会发生失效或倒塌。结构倒

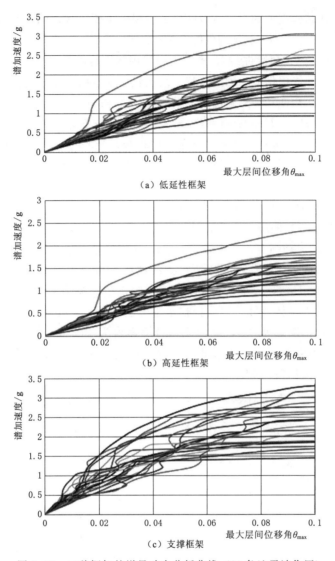

图 7.12　三种框架的增量动力分析曲线（22 条地震波作用）

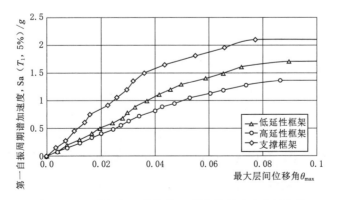

图 7.13　三种框架百分位数 50％的增量动力分析曲线

塌易损性曲线是评估结构震后的直接或者间接经济损失重要工具。结构性能需求与两个相互关联的因素有关：一是地震烈度和结构可能遭受的破坏的关系（结构损伤曲线），二是地震烈度与地震风险之间关系（结构风险曲线），本实例中采用基于地震强度性能评估法。利用 FEMA 推荐的方法计算结构性能损伤值，因此将整个结构看作基本构件得到易损曲线来估计结构性能损伤值，即结构损伤概率和地震强度的关系曲线，这样结构性能超过某种极限状态的概率

$$P(C|IM=im)=P(im>IM_C)=1-F_{IMC}(im_i) \tag{7.1}$$

式中：$F_{IMC}(im_i)$ 为地震动强度概率密度函数的积分，当所有输入的地震动参数和地震效应确定，概率函数将是 1 或者 0。但实际上，由于结构本质特性和一些未知原因引起结构性能参数的改变，也可表述为

$$P(A)=P\{C|IM=im\}=P[IM_C<IM=im_i] \tag{7.2}$$

式中：IM_C 为极限状态的地震动强度；$P\{C|IM=im\}$ 是地震动强度为 im_i 结构失效的累计概率；IMC 为地震动强度为 IM 时对应的结构不稳定动力模态。

确定各种性能水准的 IM 后，利用所得到的曲线可以计算结构达到各种性能的概率，对于每个性能水平的 IM 对应的点采用对数正态分布，提取统计分位值分别为 16%、50%、84% 的增量动力分析曲线，两个损伤水平分别为功能完好可立即入住（（IO）对应的位移角为 1%，防止倒塌水准（CP）对应的位移角为大于 10%。图 7.14 给出了基于 FEMA350，得到 3 种框架两种性能水准的易损性曲线。从图中可知，对于各种地震动强度，延性高的框架其损伤概率高。

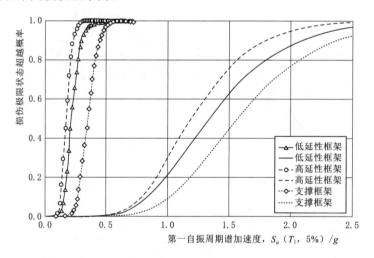

图 7.14　运用增量动力分析得到的三种框架两个损伤水准的易损曲线

7.2.4　危险曲线

地震区域不同的危险曲线可以用衰减关系来表述，这些曲线代表了不同周期对应地震动强度的年平局超越概率，利用统一的风险图，基于谱加速度 S_a 的地震动强度年平均超越概率可以运用式（7.3）得到

$$\lambda_{S_a}=k(S_a)^t \tag{7.3}$$

式中：k、t 分别为参数于结构的振动周期有关，当结构位于地震高风险区取值见表 7.3。

图 7.15 为得到的危险曲线。

表 7.3　　　　　　　　**式（7.4）中参数 k 和 t 取值**

结 构 类 型	地 震 高 风 险 区		
	T_1	k	t
纯框架（低延性）	1.005	1.42×10^{-4}	-2.11
纯框架（高延性）	0.75	3.72×10^{-4}	-2.068
带支撑框架	0.35	1.67×10^{-3}	-2.566

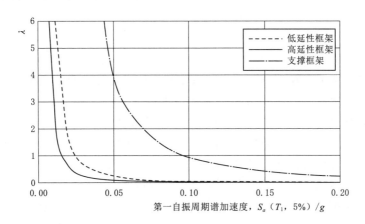

图 7.15　3 种框架统一危险曲线

7.2.5　全生命周期风险分析

全生命周期风险分析中采用的指标有：年平均倒塌频率 λ_c、n 年倒塌概率 P_{nc}、年平均 θ_{max} 超越频率 λ_r、n 年 θ_{max} 超越概率 P_{nr}，其中，λ_c 和 λ_r 通过场地地震强度年平均超越概率曲线分别由倒塌概率曲线、θ_{max} 超越概率曲线积分得到。这些指标量化地反应大多数结构的概率性能及地震的不确定性，也可以用来度量结构的安全性，或者用来作为结构设计相关法定的准则，计算公式为

$$\lambda_c = \int_0^\infty P(C \mid IM = im_i) \left| \frac{\mathrm{d}\lambda(IM > im_i)}{\mathrm{d}(im)} \right| \mathrm{d}(im) \tag{7.4}$$

$$\lambda_r = \int_0^\infty P(R \mid IM = im_i) \left| \frac{\mathrm{d}\lambda(IM > im_i)}{\mathrm{d}(im)} \right| \mathrm{d}(im) \tag{7.5}$$

式中：$P(C \mid IM = im_i)$、$P(R \mid IM = im_i)$ 分别为给定的 IM 地震下框架倒塌概率以及以 θ_{max} 为阈值的超越概率；$\mathrm{d}\lambda(IM > im_i)/\mathrm{d}(im)$ 为地震强度年超越频率的导数；$\mathrm{d}(im)$ 为增量采用离散化方法计算。

根据年限计算的 P_{nc} 和 P_{nr} 可以根据建筑重要程度选择服役年限（如：50 年或者 100 年）FEMA P-58 中给出的地震发生概率时间成泊松分布，由此可以计算 n 间结构发生倒塌或 θ_{max} 的超然概率为

$$P_{nc} = 1 - e^{-\lambda_c} \tag{7.6}$$

$$P_{nr}=1-e^{-\lambda_r} \tag{7.7}$$

根据上述方法计算的 IO 和 CP 两种极限状态的年平均频率值见表 7.4。从表中可知，对于两种性能水准，延性低的框架比延性高的框架年平均超越频率高。

表 7.4　　　　　　　　　　　　　　三种框架的年平均频率值

结构类型	纯框架（高延性）	纯框架（低延性）	带支撑框架
CP 水准	1.17×10^{-5}	7.49×10^{-5}	1.11×10^{-4}
IO 水准	2.43×10^{-5}	6.1×10^{-5}	3.6×10^{-4}

7.2.6　地震损失评估

本节的实例依据 FEMA P58 抗震性能评估理论。底层用作停车场，地面以上楼层为住宅，每层为两个单元。在 PACT 软件中建立建筑物的性能模型包括建立目标建筑物的人口流动模型以及设置构件易损性分组，录入地震需求参数，输入 IDA 曲线、易损曲线和危险性曲线以及建筑物每平方米的造价后进行性能计算。由于在增量动力分析中软件无法考虑建筑物在停止使用时产生的损失，因此采用平均损失为预估损失（含 5％利润）三倍的概率密度函数来考虑此情况。计算得到损失曲线和年概率损失曲线分别如图 7.16 和图 7.17 所示，从图中可以看出，带支撑框架具有较低的平均年损失频率，高延性框架次之，低延性框架平均年损失频率最大，但是高延性框架的建造安装成本较低延性框架高。

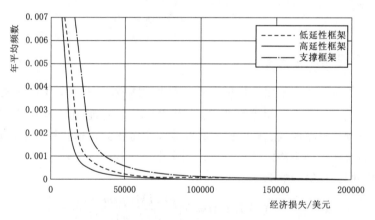

图 7.16　三种框架的损失曲线

在一些国家和地区，由于缺少不同场地类型和强度真实的地震记录，尤其是地震强度大、需求少的地震记录更为稀缺，这给地震工程师预测评估结构抗震性能带来了许多困难。本节采用的方法即运用 FEMAP‑58 中的方法基于必要的数据和工具，在一定程度上解决了此类问题。这样，在缺少真实地震记录情况下可以评估结构抗震性能，利于基于性能抗震设计方法创新，提高结构性能。同时，还可以帮助设计者合理选取结构抗侧力体系、材料等以实现结构预期的抗震性能。年度损失评估为确定结构保险额、运营成本等提供有价值的依据，利于工程师与业主更好地沟通和决策，通过与已有建筑比较做出更好的设计方案。

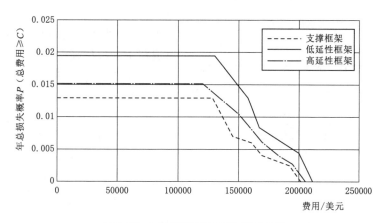

图 7.17　3 种框架年总损失概率曲线

7.3　自复位摩擦阻尼器加固 RC 框架方法及抗震性能评估

随着科技和经济发展，人们对结构的抗震性能要求不断提高，许多既有建筑急需抗震加固以满足业主需求。可靠高效修复加固建筑结构震灾的方法是各国抗震学者们研究的目标之一。最近研究发现，抗震结构在设计烈度下可以幸存，但是不能恢复到初始状态和功能，尤其是结构遭受严重损伤或过大的残余位移。为了降低结构残余位移，在既有结构抗震加固改造中有采用自复位阻尼器成为抗震加固的新趋势，加固后的结构在设计烈度下，主体结构和自复位体系处于弹性阶段消除或减少其残余位移，阻尼器耗散地震能量。本节主要介绍一种采用预应力提供复位力，可替换的耗能装置来耗散地震能量的抗震加固方法，并对加固效果进行了性能评估。

7.3.1　抗震加固系统分析模型

如图 7.18 所示，该加固系统主要包括：预制混凝土（PC）梁、PC 柱、预应力钢索、摩擦耗能装置 4 部分组成。PC 梁和 PC 柱通过预应力索连接，于梁柱拐角处安装摩擦耗能装置耗散地震能量。预应力索提供回复力，形成自复位摩擦耗能系统，预应力钢索一般采用 1860 级钢绞线，其应力应变关系

$$f_{pt} = \varepsilon_{pt} \cdot E_p \cdot \left\{ 0.02 + 0.98 / \left[1 + \left(\frac{\varepsilon_{pt} \cdot E_p}{1.04 \cdot f_{py}} \right)^{8.36} \right]^{1/8.36} \right\} \tag{7.8}$$

式中：f_{pt}、ε_{pt} 分别为预应力索的应力和应变；E_p、f_{py} 分别为预应力索的弹性模量和屈服强度。

PC 梁柱连接处的抗弯承载力为

$$M_{cap} = F_{pt} \cdot (h_g - a)/2 \tag{7.9}$$

式中：F_{pt} 为预应力钢索的预拉力，$F_{pt} = f_{pt} \cdot A_p$，其中，$f_{pt}$、$A_p$ 分别为预应力索的拉应力和横截面积；h_g 为梁柱叠合处灌浆块的高度；a 为压力等效矩形应力图的高度，

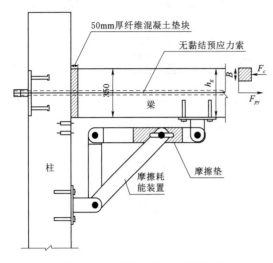

图 7.18　加固后框架的梁柱节点

$a = F_c/0.85 f'_c b_g$，其中，F_c 为混凝土的压力，b_g 梁柱叠合处灌浆块的宽度，f'_c 为混凝土的抗压强度。

当预应力索屈服时，PC 梁柱连接处的弯矩为

$$M_{cap,y} = F_{py} \cdot (h_g - a)/2 \quad (7.10)$$

式中：F_{py} 为预应力钢索的屈服拉力，$F_{py} = f_{py} \cdot A_p$，其中，$f_{py}$ 为预应力索抗拉屈服强度；其余符号同前。

当梁柱连接出面分开，与柱子相邻的梁端混凝土的极限抗压应变为零，此时弯矩值为

$$M_{decomp} = f_{pi} \cdot I / \left(\frac{h_g}{2}\right) \quad (7.11)$$

式中：f_{pi} 为预应力钢索的初始应力；I 为梁毛截面的惯性矩；其余符号同前。

在 PC 梁柱接触面，用双线性弹簧来描述接触面预应力索的力学行为，当施加弯矩大于 M_{decomp} 时，接触面张开，预应力钢索开始伸长。本节中每根梁中设置两根预应力钢索提供回复力，图 7.19 给出了接触面开合两种状态。图 7.20 给出了 1860 级钢绞线的应力应变关系曲线。

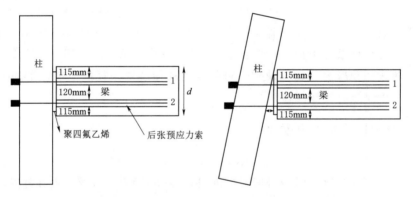

图 7.19　预应力 PC 框架节点闭开状态

为了耗散地震能量，如图 7.18 所示，在于梁柱节点的转角处设置摩擦耗能装置。图 7.21 给出了摩擦阻尼器实验和数值分析得出的力和位移的关系曲线。摩擦阻尼器采用 OpenSeens 中的理想弹塑性滞回曲线模拟，为进一步验证阻尼器屈服承载力和滞回性能，采用不同频率、速度和幅值循环位移加载方式，图 7.22 给出了加载频率分别为 0.125Hz 和 0.25Hz 的循环加载下的滞回曲线。从图中可以看出，在两种频率循环荷载作用下在位移幅值达到 30mm 时，表现出稳定的滞回性能，阻尼器屈服力的下限为 50kN。在 0.25Hz 荷载作用下的屈服力较 0.125Hz 大，是由于受摩擦垫的磨损和高温的影响，随着加载频率的减小这种影响增大。

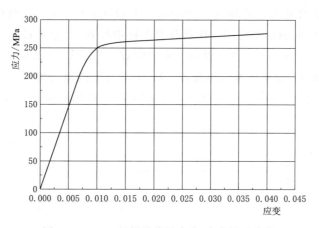

图 7.20　1860 级钢绞线的应力-应变关系曲线

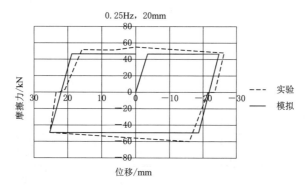

图 7.21　摩擦阻尼器骨架曲线

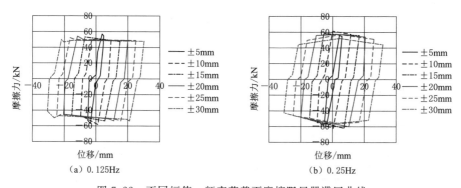

图 7.22　不同幅值、频率荷载下摩擦阻尼器滞回曲线

7.3.2　试验研究

1. 试验模型

如图 7.23 所示，试验模型的钢筋混凝土框架梁柱截面尺寸分别为：350mm×300mm、300mm×300mm，纵向钢筋的直径为 22mm，共 8 根。箍筋的直径为 10mm，梁柱的箍筋间距分别为 150mm 和 200mm。预制混凝土的柱截面尺寸为：300mm×300mm，高度为

2850mm。梁的截面尺寸为：350mm×300mm，长度为：2100mm。两根预制混凝土梁分别置于混凝土框架柱的顶部和底部。预制混凝土柱中配置 12 根直径为 22mm 的纵筋。箍筋直径 10mm 间距为 200mm。预制混凝土梁中配置 6 根直径为 22mm 的纵筋，箍筋直径 10mm 间距为 150mm。在梁柱叠合出配置 50mm 厚的聚四氟乙烯板。预应力钢索为 7 丝钢绞线组成，直径为 15.2mm，屈服强度为 1600MPa，施加的预应力为 146kN，混凝土框

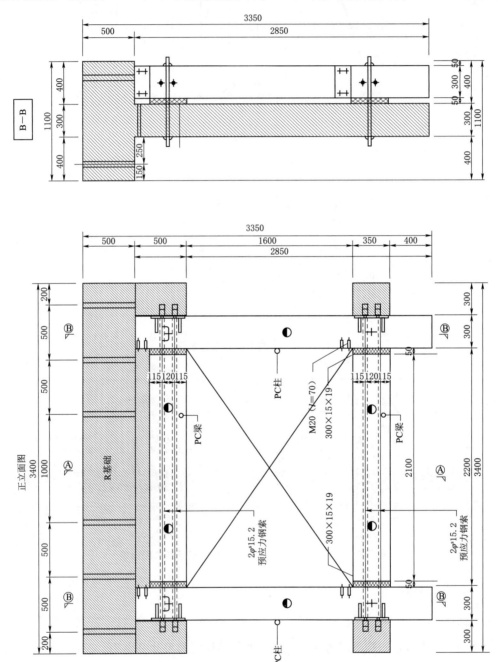

图 7.23（一）　试件构造和尺寸（单位：mm）

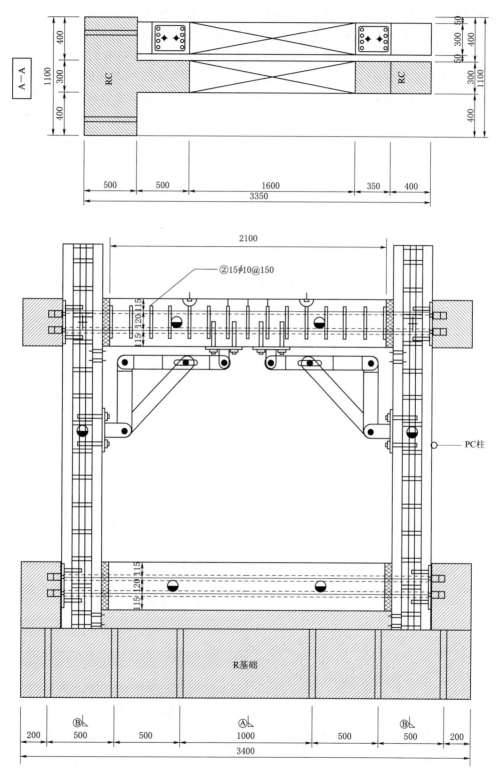

图 7.23（二） 试件构造和尺寸（单位：mm）

架和预制混凝土的抗压强度分别为 22MPa、40MPa，配置钢筋的强度分别为 400MPa 和 500MPa。预制混凝土框架和混凝土框架通过水平锚杆连接（直径 32mm 屈服强度 930MPa）穿过梁柱节点。为增加抗剪能力，在混凝土框架和预制混凝土接触面间填置 50mm 厚的聚四氟乙烯板以防止二者之间滑动摩擦。预制混凝土柱与基础不连接，柱子底部和基础顶部之间有足够的公差，在整个测试过程中应保证柱子能够在框架平面内自由转动。

2. 加载制度

采用 2000kN 液压伺服加载系统位移控制加载，应变计置于 RC 框架梁柱纵筋的筋适当位置，线性可变差分变压器（LVDTs）安装在梁的上部测量水平位移。准静态循环加载，加载制度如图 7.24 所示。图 7.25 给出了试验装置，液压伺服加载系统固定在刚性混凝土墙体上并与数据采集系统相连来描绘加载系统的位移与力的时程关系曲线。图 7.26 为实验得出的 RC 框架加固前后的滞回曲线。从图 7.26 中可知，加固后的 RC 框架具有更大刚度，强度提高约 40%。从图中还可以看出在位移达到 30mm（层间位移角约为 1.5%），两种框架的强度首次出现下降。位移达到 50mm 时，加固前的框架倒塌；位移达到 60mm 时，加固后的框架倒塌（层间位移角增大约为 20%）。位移为零时，由于摩擦阻尼器和预

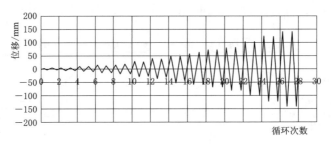

图 7.24　循环加载曲线

（a）加固前框架

（b）摩擦耗能装置

（c）加固后框架

图 7.25　循环荷载试验装置

应力索的作用，加固后框架较加固前框架非弹性变形能量耗散明显。图 7.27 为由框架柱纵筋上的应变仪测得的应变时程曲线。

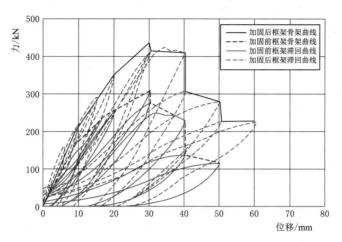

图 7.26　加固前后滞回、骨架曲线

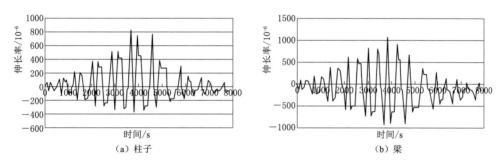

（a）柱子　　　　　　　　　（b）梁

图 7.27　框架梁柱纵向钢筋应变时程曲线（应变仪测得）

　　图 7.28 给出了自复位摩擦耗能框架的分析模型。数值模拟采用 SAP2000 软件，采用多线性弹性弹簧来模拟预应力钢索，多线性塑性弹簧来模拟摩擦阻尼器，框架柱底端固定，采用刚性连杆来模拟连接 RC 和 PC 框架的锚杆。采用框架单元来模拟 RC 框架，并在梁柱端设置塑性铰单元模拟框架非线性行为，根据 ASCE 中的相关规定设定塑性铰相关参数，图 7.29 给出了加固前后，RC 框架的模拟和实验结果对比情况。图 7.29 两种框架的初始刚度实验结果和模拟结果十分相似。在强度下降前，实验骨架曲线的线性阶段和非线性阶段过渡平滑。另一方面，模拟骨架曲线弹性阶段和非弹性阶段过渡急剧。这是由于受到 SAP2000 软件的非线性静力分析算法的局限。切线刚度无法精确描述过渡区域。

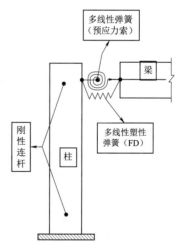

图 7.28　数值分析模型

7.3.3　工程算例

　　有三个待加固的混凝土框架结构，分别为 3 层、5 层

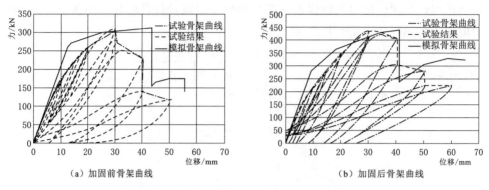

图 7.29　加固前后 RC 框架的骨架曲线

和 8 层,如图 7.30 所示。选择边框架进行加固设计,恒载的设计值为 2.5kN/m^2。RC 框架根据《美国混凝土结构设计规范》ACI318 设计,采用 C40 混凝土,钢筋采用 HRB400。梁的截面尺寸为 400×250,箍筋为 $\phi8@150$,纵筋为顶底部均为 $4\,\Phi\,20$,柱子的截面尺寸及配筋见表 7.5。

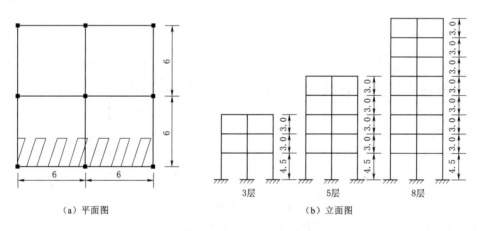

图 7.30　数值分析框架示意图(单位:m)

表 7.5　　　　　　　　　　　　　　柱 子 截 面 及 配 筋

层数	截面尺寸 ($h\times b$)/mm	纵向钢筋	箍　　筋	
			直径及间距/mm	类型
3	300×300	$6\,\Phi\,14$	$\phi8@150$	双肢
5	400×400	$8\,\Phi\,16$	$\phi8@150$	双肢
8	450×450	$12\,\Phi\,16$	$\phi8@150$	双肢

1. 分析模型

为了考虑梁柱开裂后的影响,开裂后梁柱的惯性矩分别取开裂时的 35% 和 70%。模态分析和动力分析时结构阻尼比为 5%。塑性铰分布于梁柱的两端,来考虑材料的非线性。梁柱的滞回曲线如图 7.31 所示,梁柱节点假定为刚性连接,首层柱的底部与基础为固结。

经过模态分析可知，三种框架的第一自振周期分别为 0.87s、1.2s 和 1.9s。

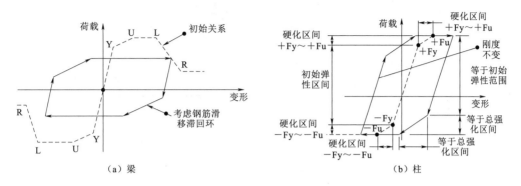

（a）梁　　　　　　　　　　　　　　（b）柱

图 7.31　数值分析梁柱骨架曲线

图 7.32（a）给出了 PC 框架的构件与 RC 框架构件的连接单元性能。PC 框架的梁中间部分用 SAP2000 梁单元模拟，两端用多线性弹性连接描述，摩擦阻尼器用多线性塑性单元来模拟，特性如图 7.32（b）所示。柱用 SAP2000 柱单元模拟与基础固接。采用遗传算法进行各层摩擦阻尼器的屈服力（启滑力）计算优化。

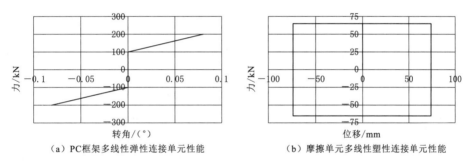

（a）PC框架多线性弹性连接单元性能　　　　（b）摩擦单元多线性塑性连接单元性能

图 7.32　加固系统的单元特性

2. 抗震加固设计流程

基于性能进行抗震加固设计，通过预应力 PC 框架来提高建筑物抗震性能。加固后的结构抗震性能设定为满足特定的极限状态，对于不同的极限状态，PC 框架梁柱节点处不同程度张开，最大层间位移角应小于最大限值。图 7.33 给出了加固设计的过程。

（1）根据业主及建筑功能需求，确定结构加固抗震性能目标，即设定结构极限状态后限定结构层间位移角，诸如当设定防止倒塌的极限状态时，最大层间位移角 $\theta_{MID}=2.0\%$。

（2）根据 PC 框架几何尺寸，由式（7.13）计算当加固前 RC 框架达到最大层间位移角 θ_{MID} 时，PC 框架柱底部对应的转角为

$$\tan\theta=\frac{H_{RC}\theta_{MID}}{H_{PC}} \tag{7.12}$$

（3）如图 7.34 所示，PC 框架梁预应力钢索的最大伸长量为

$$x_1=y_1\tan\theta \tag{7.13}$$

$$x_2=y_2\tan\theta \tag{7.14}$$

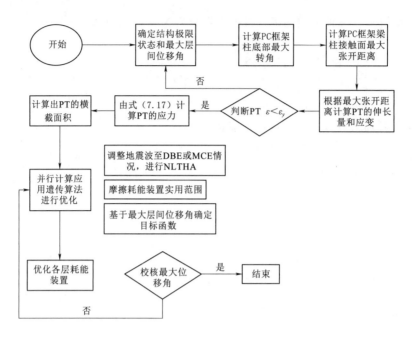

图 7.33　加固设计流程图

式中：x_1、x_2 分别为如图 7.34 所示的预应力钢筋的伸长量；y_1、y_2 分别为预应力钢筋距 PC 框架梁顶部的距离。

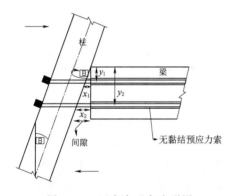

图 7.34　PC 框架几何变形图

（4）预应力索的应变和应力为

$$\varepsilon=(x_1+x_2)/l \tag{7.15}$$

$$\sigma=E \cdot \varepsilon=F/A \tag{7.16}$$

式中：ε 为预应力索的应变，$\varepsilon<\varepsilon_y$，其中，$\varepsilon_y$ 为预应力索的屈服应变；σ 为预应力索的应力；E 为预应力索的杨氏弹性模量；F 为预应力索拉力；A 为预应力索的横截面积。

（5）采用遗传算法优化 PC 框架各层摩擦阻尼器的屈服力（启滑力），在遗传算法的每次迭代中将地震波 PGA 调整至 DBE 或 MCE，输入程序进行非线性时程分析。为节约计算时间，采用并行计算，并在不影响结构动力特性的情况下，对结构进行简化。

（6）最终校核。采用非线性时程分析法或者反应谱法，验算加固后的结构最大层间位移角是否小于限值，若小于则设计结束。反之，以相同的比例增加各层阻尼器的屈服力（启滑力），直至最大层间位移角小于限值。

在本算例中，预应力钢索的屈服强度 $f_{py}=1600\text{MPa}$；经损失后的初始预应力 $f_{pi}=820\text{MPa}$；混凝土的名义抗压强度 $F_c'=20.7\text{MPa}$。每根 PC 框架梁中配置 2 根预应力钢索，既有框架和 PC 框架在每层连接保证楼板发挥刚性隔板作用。采用遗传算法进行优化时，摩擦阻尼器的屈服（启滑）力的范围为 5～50kN。每次迭代增加 5kN。研究发现各层阻尼器屈服（启滑）力大小沿框架高度成三角形分布，首层最大顶层最小。5 层框架 1～5 层的阻尼器屈服（启滑）力分别为 45kN、35kN、20kN、10kN 和 5kN，如图 7.35 所示。

7.3.4 加固改造后结构抗震性能评估

采用非线性动力分析对结构抗震性能进行评估，根据结构场地类型，选择表 7.6 中 7 条地震波输入模型进行非线性动力分析，地震波的平均响应符合预定的地震性能对应的极限状态。最大层间位移角小于 2%，对应于 LS 极限状态。图 7.36 分别给出了 3 层、5 层、8 层框架结构顶层位移时程曲线，从图中可知，经过加固后的结构顶层位移减

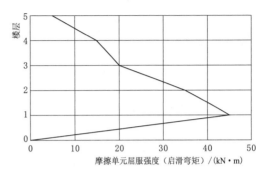

图 7.35 摩擦耗能装置屈服强度沿楼层分布

小，在 Chi-Chi 地震波作用下三层结构经加固后顶层位移减少 50%。结构的残余位移减

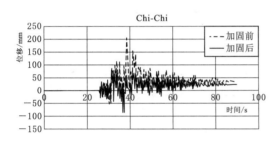
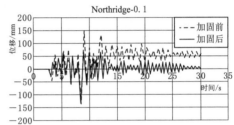

（a）3 层框架

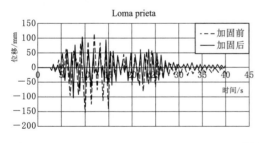
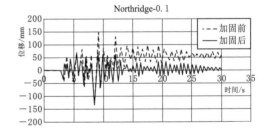

（b）5 层框架

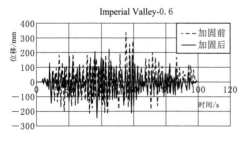
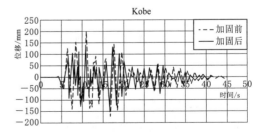

（c）8 层框架

图 7.36 框架结构顶层位移时程曲线

小，在某些地震波的作用下结构的残余位移甚至为 0（图 7.36）。图 7.37 给出了 5 层 PC
框架在 Loma Prieta 地震波作用下，

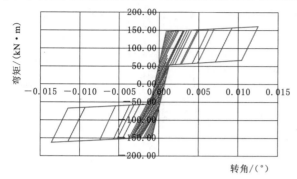

图 7.37　五层摩擦耗能 PC 框架滞回曲线
（Loma Prieta 地震波作用）

自复位系统和摩擦耗能系统共同作用时底层的旗形滞回曲线，进一步反映了在梁柱拐角处设置摩擦阻尼器预应力 PC 框架的抗震加固的良好效果。图 7.38 给出了结构的各层最大层间位移，从图中可知，在 Chi - Chi 地震波的作用下，三层框架加固后，最大层间位移从 5％降至 2％；在 San - Fernando 地震波作用下，五层框架加固后，最大层间位移从 1.75％降至

1.15％。在 Chi - Chi 地震波的作用下，八层框架加固后，最大层间位移 4.95％降至
1.95％。这说明采用该方法进行抗震加固，降低了结构地震响应，提高了结构抗震性能。
图 7.39 给出了在 San - Fernando 地震波作用下，五层框架加固前后既有框架的塑性铰分
布情况，从图中可知加固后塑性铰的数量和转角大大减小。

表 7.6　　　　　　　　　　　　　7 条地震波的信息及参数

地震波名称	观测站名称	震级	地震加速度峰值/g
San Fernando	LA - Hollywood Stor FF	6.61	0.231
Imperial Valley - 06	Delta	6.53	0.240
Superstition Hills - 02	El Centro Imp. Co. Cent	6.54	0.358
Loma Prieta	Capitola	6.93	0.515
Northridge - 01	Beverly Hills - 14，145 Mulho	6.69	0.448
Kobe_Japan	Nishi - Akashi	6.9	0.490
Chi - Chi	CHY101	7.62	0.340

7.3.5　地震易损性评估

从 PEERNGA 地震动数据库中选取 30 条地震波，图 7.36 给出了所选地震波的反应
谱。对建立的模型进行增量动力分析，计算结构达到预设极限状态的概率。框架的损伤指
标 DM 运用最大层间位移角来描述，地震强度指标 IM 选用谱加速度 $S_a(T_1)$ 来描述建立
IDM 曲线。图 7.40 给出了结构加固前后的 IDA 曲线。由图可知，结构加固后其抗震性能
提高。

通过易损曲线可以区分结构抗震性能的不同，IDA 曲线是绘制易损性曲线的第一步，
易损性曲线可以直观地反应结构达到预定损伤状态的概率，结构的承载力小于某预设状态
地震需求概率与地震动参数的关系如式（7.2）。图 7.41 给出了结构加固前后 IO、LS 和
CP 3 种易损性曲线，对应的最大层间位移角分别为 1％、2％和 3％。从图中可知，经抗震
加固后，结构的易损性降低。3 种极限状态下结构性能提高显而易见。结构在前两种极限

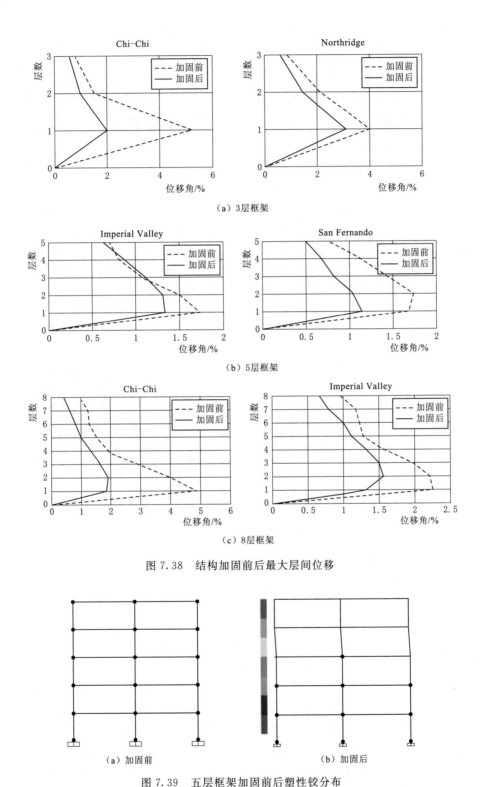

（a）3层框架

（b）5层框架

（c）8层框架

图 7.38　结构加固前后最大层间位移

（a）加固前　　　　　　（b）加固后

图 7.39　五层框架加固前后塑性铰分布

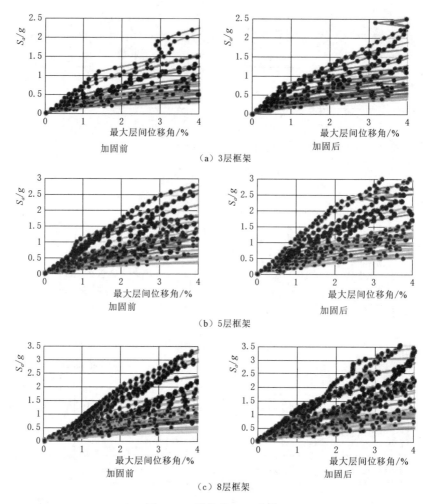

图 7.40　结构的 IDA 曲线

状态的性能提高较后一种状态的性能提高效果明显。超越概率为 50% 时，5 层结构的 3 种状态对应的反应谱加速度分别增大 $0.07g$、$0.15g$ 和 $0.16g$；8 层结构 3 种状态对应的反应谱加速度分别增大 $0.06g$、$0.16g$ 和 $0.22g$。显然，CP 状态对应的反应谱加速度增加量最大。

7.3.6　小结

本节提出了运用在既有框架结构的外部增设带有阻尼器预应力 PC 框架，既有框架与 PC 框架在各层均连接楼板可发挥刚性隔板作用通过实验验证该方法的适用性和有效性以及建立数值模拟模型的正确性。基于遗传算法优化了 PC 框架设计和摩擦阻尼器的屈服（启滑）力。数值模拟了 3 层、5 层、8 层三种框架，比对了加固前后框架的最大层间位移角和易损性。增量动力分析结果表明，该加固方法可以有效增加结构抗倒塌性能，可以更为有效提高结构高水准性能对应极限状态（如 LS、CP 状态）的性能。

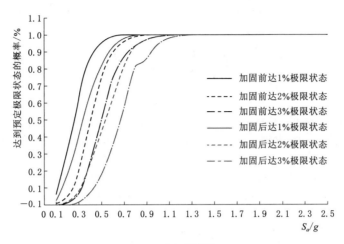

（a）3层框架

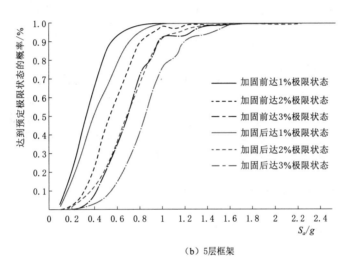

（b）5层框架

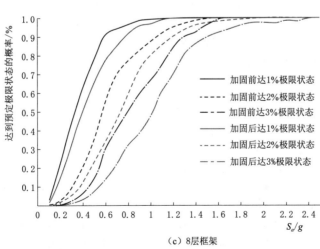

（c）8层框架

图 7.41 结构的易损曲线

参 考 文 献

［ 1 ］ 谢礼立，马玉宏. 现代结构抗震设计理论的发展过程 ［J］. 国际地震动态，2003（10）：1－9.

［ 2 ］ 王崇昌，王宗哲. 钢筋混凝土弹塑性抗震结构的机构控制理论 ［J］. 西安冶金建筑学院学报，1986，46（2）：1－12.

［ 3 ］ Kelly J M，Skinner R I，Heine，A J. Mechanisms of energy absorption in special devices for use in earthquake resistant structures ［J］. Bull. N. Z. Nat. Soc. For Earthquake Engineering，1972，5（3）：63－88.

［ 4 ］ 周福霖. 工程结构减震控制 ［M］. 北京：地震出版社，1997.

［ 5 ］ R. 克拉夫，J. 彭津. 结构动力学 ［M］. 王光远，译. 北京：高等教育出版社，2006.

［ 6 ］ Anil K. Chopra. 结构动力学理论及其在地震工程中的应用 ［M］. 谢礼立，等，译. 北京：高等教育出版社，2007.

［ 7 ］ 爱德华·L·威尔逊. 结构静力与动力分析——强调地震工程学的物理方法 ［M］. 北京：中国建筑工业出版社，2006.

［ 8 ］ 张善元. 在地震作用下结构物的扭转反应 ［J］. 太原理工大学学报，1980，（1）：85－98.

［ 9 ］ 张善元. 框架结构平扭耦联弹塑性地震反应分析的力学模型 ［J］. 固体力学学报，1983，4：511－519.

［10］ 张善元. 多层框架结构的非弹性地震反应的一种算法 ［J］. 太原工学院学报，1982，4：17－32.

［11］ 沈聚敏，周锡元，高小旺，等. 抗震工程学 ［M］. 北京：中国建筑工业出版社，2000.

［12］ 高小旺. 地震作用下多层剪切型结构弹塑性位移反应的实用计算方法 ［J］. 土木工程学报，1984，17（3）：79－87.

［13］ Biot M A. Analytical and experimental methods in engineering seismology ［J］. ASCE Transactions1942，108：365－408.

［14］ Priestley M J N. Myths and fallacies in earthquake engineering（revisited） ［M］. IUSS Press：Pavia，2003.

［15］ Freeman S A. Developments and use of the capacity spectrum method ［C］. Proceedings of the 6th U. S. National Conference on Earthquake Engineering，Seattle，1998：556－568.

［16］ 王松涛，曹资. 现代结构抗震设计方法 ［M］. 北京：中国建筑工业出版社，1997.

［17］ Juan Carlos Reyes. Estimating seismic demands for performance－based engineering of buildings ［C］. Key－note Lecture at the 13th World Conference on Earthquake Engineering，Vancouver：No. 5007，2004.

［18］ Moehle J P. Displacement－based design of RC structures subjected to earthquakes ［J］. Earthquake spectra，1992，3：403－428.

［19］ Peter K. Application of the capacity spectrum method to R. C. buildings with bearing walls ［C］. The 12th world Conference On Earthquake Engineering，No. 0609，2000：689－701.

［20］ Kelly T E. Analysis procedures for performance based design ［C］. The 12th World Conference On Earthquake Engineering，No. 2400，2000：248－262.

［21］ Zou X K，Chan C M. Seismic drift performance based design optimization of reinforced concrete buildings ［C］. The 13th World conference On Earthquake Engineering，No. 223，2004.

［22］ Lee S S，Goel S C，Chao S H. Performance－based seismic design of steel moment frames using target drift and yield mechanism ［C］. The 13th World Conference on Earthquake Engineering，

No. 266，2004.

［23］ Otan S. Japanese seismic design of high – rise reinforced concretes Buildings 'An Example of Perform-ance – based Design Code and state of Practices' ［C］. The 13th World Conference on earthquake En-gineering，No. 5010，2004.

［24］ 李刚，程耿东. 基于性能的结构抗震设计——理论、方法与应用［M］. 北京：科学出版社，2004.

［25］ SEAOC Vision 2000 Committee. Performance – based engineering of building ［R］. ReportPrepared by structural Engineers Association of California，USA，1995.

［26］ ATC‐34. A critical review of current approaches to earthquake – resistant design ［R］. Applied Technology Council，Redwood City，1995.

［27］ ATC‐40. Seismic evaluation and retrofit of concrete buildings ［R］. Applied Technology Council，Redwood City California，1996.

［28］ FEMA273 NEHRP. Commentary on the fuidelines for rehabilitation of buildings ［R］. Federal E-mergency management Agency，Washington D. C. ，September，1996.

［29］ FEMA274 NEHRP. Commentary on the guidelines for rehabilitation of buildings ［R］. Federal E-mergency management Agency，Washington D. C. ，September，1996.

［30］ Building Center of Japan. Report of development of new engineering framework for building struc-tures ［R］. Integrated Development Project，Ministry of construction，1998.

［31］ Otani S. Development of performance – based seismic design method in Japan ［J］. Building Struc-tures，2000，30 (6)：3‐9.

［32］ FEMA356. Prestandard and commentary for the seismic rehabilitation of buildings ［R］. Federal E-mergency Management Agency，Washington D. C. ，2000.

［33］ Eurocode8. Design of structures for earthquake resistance ［S］. General rules for buildings. British Standards Institution，London，2003.

［34］ 李应斌，刘伯权，史庆轩. 基于结构性能的抗震设计理论研究与展望［J］. 地震工程与工程振动，2001，21 (4)：11‐16.

［35］ 周云，安宇，梁兴文. 基于性态的抗震设计理论和方法的研究发展［J］. 世界地震工程，2001，17 (2)：1‐7.

［36］ 汪梦甫，周锡元. 基于性能的建筑结构抗震设计［J］. 建筑结构，2003，33 (3)：59‐65.

［37］ 梁兴文，邓明科. 钢筋混凝土高层建筑结构基于位移的抗震设计方法研究［J］. 建筑结构，2006，36 (7)：15‐22.

［38］ 吕西林，郭子雄. 建筑结构在罕遇地震下弹塑性变形验算讨论［J］. 工程抗震，1999 (1)：15‐20.

［39］ 王光远，吕大刚. 基于最优设防烈度和损伤性能的抗震结构优化设计［J］. 哈尔滨建筑大学学报，1999，32 (10)：1‐5.

［40］ 王亚勇. 我国 2000 年工程抗震设计模式规范基本问题研究综述［J］. 建筑结构学报，2000，21 (1)：2‐4.

［41］ 陈耿东，李刚. 基于性能抗震设计中一些问题的探讨［J］. 建筑结构学报，2000，21 (1)：5‐11.

［42］ 李晓莉，吴敏哲，郭棣. 基于性能抗震设计研究［J］. 世界地震工程，2004，20 (1)：153‐156.

［43］ Priestley M J N，Kowalsky M J. Direct displacement – based seismic design of concrete buildings ［J］. Bul-letin of the New Zealand Society for Earthquake Engineering，2000，33 (4)：421‐444.

［44］ Vidic T P，Fischinger M. Consistent inelastic design spectra：strength and displacement ［J］. Earth-quake Engineering&. Structural Dynamics，1992，23：507‐521.

［45］ Miranda E，Bertero V V. Evaluation of strength reduction factors for earthquake – resistant design ［J］. Earthquake Spectra，1994，10：357‐379.

[46] Fajfar P，Gaspersis P. The N2 method：the seismic damage analysis of RC buildings [J]. Earthquake Engineering & Structural Dynamics，1996，25：31－46.

[47] Fajfar P. Capacity spectrum method based on inelastic demand spectra [R]. IKIPR Report EE，September，Ljubljana，Slovenia：University of Ljubljana. 1998，3.

[48] Chopra A K，Goel B K. Capacity－demand－diagram methods for estimating seismic deformation of inelastic structures：SDOF systems [R]. Report No. PEER－1999/02. Pacific Earthquake Engineering Research Center，University of California at Berkeley，1999.

[49] Chopra A K，Goel R K. Capacity－demand－diagram methods based on inelastic design spectrum [J]. Earthquake Spectra，Earthquake Engineering Research Institute，1999，15（4）：637－656.

[50] FEMA 356. Prestandard and commentary for the seismic rehabilitation of buildings [R]. Report FEMA 356，Federal Emergency Management Agency，Washington D. C.，2000.

[51] 王崇昌，王宗哲. 钢筋混凝土弹塑性抗震结构的机构控制理论 [J]. 西安冶金建筑学院学报，1986，46（2）：1－12.

[52] 程文瀼，陆勤. 结构自控的概念和方法 [J]. 东南大学学报，1991，21（4）：53－58.

[53] 樊长林，张善元，路国运. 某房屋外套框架加层摩擦设计研究 [J]. 2009，31（4）81－86.

[54] 樊长林，路国运，张善元. 某办公楼动力测试与摩擦阻尼抗震加固研究 [J]. 2009，31（6）：74－78.

[55] Newmark N M，Veletos W J. Effect of inelastic behavior on the response of simple system to earthquake motion [C]. 2WCEE，1960：895－915.

[56] Newmark N M，Hall W J. Earthquake spectra and design [R]. Earthquake Engineering Research Institute，University of California at Berkeley，1982.

[57] Elghadamsi F E，Mohraz B. Inelastic earthquake spectra [J]. Earthquake Engineering and Structural Dynamics，1987，15：91－104.

[58] Krawinkler H，Nassar A A. Seismic design based on ductility and cumulative damage demands and capacities [R]. Nonlinear Seismic Analysis and Design of Reinforced Concrete Buildings，Elsevier Applied Science，London and New York，1992：23－29.

[59] Vidic T，Fajfar P，Fishinger M. Consistent inelastic design spectra：strength and displacement [J]. Earthquake Engineering and Structural Dynamics，1994，23：507－521.

[60] Riddell R. Inelastic design spectra：accounting for soil conditions [J]. Earthquake Engineering and Structural Dynamics. 1995，24：1491－1510.

[61] Ordaz M，Perez－Rocha L E. Estimation of strength－reduction factors for elas－plastic system：A New Approach [J]. Earthquake Engineering and Structural Dynamics. 1998，27：889－901.

[62] 卓卫东，范立础. 结构抗震设计中的强度折减系数研究 [J]. 地震工程与工程振动，2001，21（1）：84－88.

[63] Riddell R，Garcia J E，Garces E. Inelastic deformation response of SDOF systems subjected to earthquake [J]. Earthquake Engineering Structural Dynamics. 2002，31（3）：515－538.

[64] 吕西林，周定松. 考虑场地类别与设计分组的延性需求谱和弹塑性位移反应谱 [J]. 地震工程与工程振动，2004，24（1）：39－48.

[65] 肖明葵，王耀伟，严涛，等. 抗震结构的弹塑性位移谱 [J]. 重庆建筑大学学报，2000，22：34－40.

[66] Borzi B，Calvi G M. Inelastic spectra for displacement－based seismic design [J]. Soil Dynamics and Earthquake Engineering，2001，21：47－61.

[67] 杨松涛，叶列平，钱稼茹. 地震位移反应谱特性的研究 [J]. 建筑结构，2002，32（5）：47－50.

[68] Tiwari A K，Gupta K. Scaling of ductility and damage－based strength reduction factors for horizontal motions [J]，Earthquake Engineering and Structural Dynamics，2000，29：969－987.

[69] Bozorgnia Y，Bertero V V. Damage spectra：characteristics and applications to seismic risk reduction

[J]. Journal of Structural Engineering，ASCE，2003，129（10）：1330－1340.

[70] 陈聘，王前信. 非线性地震反应谱［M］. 北京：地震出版社.1989.

[71] 肖明葵，王耀伟，严涛，等. 抗震结构的弹塑性位移谱［J］. 重庆大学学报，2000，22：34－40.

[72] G. Haika. Overview of Elastic and Inelastic Response Spectra［M］. University of Minions at Urbana，Champaign，2003.

[73] P. G. 霍奇. 结构的塑性分析［M］. 熊祝华，译. 北京：科学出版社，1966.

[74] 斯图亚特，S. J. 莫易. 钢结构与混凝土结构塑性设计方法［M］. 陈维纯，等，译. 北京：中国建筑工业出版社，1986.

[75] Paglietti A，Porcu M C. Rigid－plastic approximationto predict plastic motion under strong earthquakes［J］. Earthquake Engineering and Structural Dynamics，2001，（30）：115－126.

[76] Marubashi N，Domingues Costa J L，Nielsen M P，Ichinose T. A basic study on asymmetry of seismic response using the rigid－plastic model［J］. Structural and Construction Engineering 2005，598：75－80.

[77] Domingues Costa J L，Bento R. Rigid－plastic seismic design of reinforced concrete structures［J］. Earthquake Engineering and Structural Dynamics，2007，（36）：55－76.

[78] 樊长林，张善元，路国运. 钢筋混凝土框架刚塑性设计方法研究［J］. 世界地震工程，2009，25（3）：67－73.

[79] C. L. Fan，S. Y. Zhang. Rigid－plastic design of reiforced concrete shear wall［J］. Modern Physics B，2008，22（31）：5740－5745.

[80] 吴波，李惠. 建筑结构被动控制的理论与应用［M］. 哈尔滨：哈尔滨工业大学出版社，1997.

[81] 樊长林，路国运，陈维毅. 摩擦耗能钢框架刚塑性抗震设计方法的研究［J］. 地震工程与工程震动，2015，35（2）：172－180.

[82] 樊长林，张善元，路国运. 基于能量被动耗能结构抗震设计方法研究［J］. 地震工程与工程震动，2013，33（4）：140－147.

[83] 樊长林，路国运，张善元. 某混合振动控制装置的性能试验研究［J］. 工程抗震与加固改造. 2013，35（5）：115－119.

[84] 张思海，梁兴文，邓明科. 被动耗能减震结构基于能力谱法的抗震设计方法研究［J］. 土木工程学报. 2006，（7）：26－32.

[85] 吴波，郭安薪，王光远. 安装被动控制装置的钢筋混凝土框架结构弹塑性层间最大位移反应的概率统计分析［J］. 建筑结构学报. 2001，（2）：40－45.

[86] 吴波，郭安薪，李惠. 安装被动耗能装置的结构的抗震设计方法［J］. 世界地震工程. 1998，（4）：41－48.

[87] 吕西林，周颖，陈聪. 可恢复功能抗震结构新体系研究进展［J］. 地震工程与工程震动，2014，34（4）：130－139.

[88] 李雪，余红霞，刘鹏. 建筑抗震韧性的概念和评价方法及工程应用［J］. 建筑结构，2018，48（18）：1－7.

[89] 周颖，吕西林. 摇摆结构及自复位结构研究综述［J］. 建筑结构学报，2011，32（9）：1－10.

[90] Youssef M，Ghobarah A. Modelling of RC beam－column joints and structural walls［J］. Journal of Earthquake Engineering，2001，5（1）：93－111.

[91] Erochko J，Christopoulos C，Tremblay R，et al. Residual drift response of SMRFs and BRB frames in steel buildings designed according to ASCE 7－05［J］. Journal of Structural Engineering，2010，137（5）：589－599.

[92] 周颖，肖意，顾安琪. 自复位支撑-摇摆框架结构体系及其基于位移抗震设计方法［J］. 建筑结构学报，2019，40（10）：17－26.

［93］ 吕西林，武大洋，周颖. 可恢复功能防震结构研究进展［J］. 建筑结构学报，2019，40（2）：1－15.

［94］ 邱灿星，杜修力. 自复位结构的研究进展和应用现状［J］. 土木工程学报，2021，54（11）：11－25.

［95］ Vu N A，Castel A，Francois R. Response of post－tensioned concrete beams with unbonded tendons including serviceability and ultimate state［J］. Steel Construction，2010，32（2）：556－569.

［96］ Priestley M J N，Mac Rae G. Seismic tests of precast beam－to－column connection subassemblages with unbonded tendons［J］. PCI Journal 1996，41（1）：64－81.

［97］ Priestley M J N，Kowalsky M J. Direct displacement—based design of buildings. Bulletin of the NZ National Society for Earthquake Engineering［J］. 2000，33（4）：421－444.

［98］ Sarti F，Palermo A，Pampanin S，et al. Experimental and analytical study of replaceable Buckling－Restrained Fused－type（BRF）mild steel dissipaters［J］. New Zealand Timber Design Journal，2013，21（3）：14－20.

［99］ Wang H S，Marino E M，Pan P，et al. Experimental study of a novel precast prestressed reinforced concrete beam－to－column connection［J］. Engineering Structures，2018，156：68－81.

［100］ Ichioka Y，Kono S，Nishiyama M，et al. Hybrid system using precast prestressed frame with corrugated steel panel damper［J］. Journal of Advanced Concrete Technology，2009，7（3）：297－306.

［101］ Morgen B G，Kurama Y C. Seismic design of friction－damped precast concrete frame structures［J］. Journal of Structural Engineering，2007，133（11）：1501－1511.

［102］ Morgen B G，Kurama Y C. Seismic response evaluation of posttensioned precast concrete frames with friction dampers［J］. Journalof Structural Engineering，2008，134（1）：132－145.

［103］ Song L L，Guo T，Chen C. Experimental and numerical study of a self－centering prestressed concrete moment resisting frame connection with bolted web friction devices［J］. Earthquake Engineering and Structural Dynamics，2014，43（4）：529－545.

［104］ Clayton P M，Berman J W，Lowes L N. Subassembly testing and modeling of self－centering steel plate shear walls［J］. Engineering Structures，2013，56：1848－1857.

［105］ 纪瑞，李启. 内填蝴碟板的自复位钢框架结构抗震性能研究［J］. 工程抗震与加固改造，2017，39（1）：70－77.

［106］ 钱辉，徐艺文，李宏男. 形状记忆合金自复位钢框架节点抗震性能数值模拟及参数分析［J］. 世界地震工程，2017，33（3）：67－77.

［107］ 韩建平，黄林杰. 新旧规范设计 RC 框架地震易损性分析及抗整体性倒塌能力评估［J］. 建筑结构学报，2015，S2：92－99.

［108］ Xu L H，Fan X W，Li Z X. Cyclic behavior and failure mechanism of self－centering energy dissipation braces with pre－pressed combination disc springs［J］. Earthquake Engineering & Structural Dynamics，2016，46（7）：1065－1080.

［109］ FEMA. Seismic performance assessment of buildings［S］. FEMA－P58，Federal Emergency Management Agency Washington，DC，USA，2011.

［110］ Shi F，Saygili G，Ozbulut O E. Probabilistic seismic performance evaluation of SMA－braced steel frames considering SMA brace failure［J］. Bulletin of Earthquake Engineering，2018，16：5937－5962.

［111］ Kim H J，Christopoulos C. Seismic design procedure and seismic response of post－tensioned self－centering steel frames［J］. Earthquake Engineering and Structural Dynamics，2009，38（3）：355－376.

［112］ Kam W Y，Pampanin S，Palermo A，et al. Design procedure and behaviour of advanced flag－

shape (AFS) MDOF systems [R]. University of Canterbury Civil & Natural Resources Engineering, 2008: 1 – 18.

[113] Chao S H, Goel S C, Lee S S. A seismic design lateral force distribution based on inelastic state of structures. Earthquake Spectra 2007, 23 (3): 547 – 569.

[114] Goel S C, Liao W C, Bayat M R, et al. Performance – based plastic design (PBPD) method for earthquake – resistant structures: an overview [J]. Structural Design of Tall & Special Buildings, 2010, 19 (1 – 2): 115 – 137.

[115] Zhang Y, Chen B, Liu A, et al. Experimental study on shear behavior of high strength bolt connection in prefabricated steel – concrete composite beam [J]. Composites, 2019, 159: 481 – 489.

[116] Ramamoorthy S K, Gardoni P, Bracci J M. Probabilistic demand models and fragility curves for reinforced concrete frames [J]. Journal of Structural Engineering, 2015, 132 (10): 1563 – 1572.

[117] FEMA. Seismic performance assessment of buildings [S]. FEMA – P58, Federal Emergency Management Agency Washington, DC, USA, 2011.

[118] Jamnani H H, Abdollahzadeh G, Faghihmaleki H. Seismic fragility analysis of improved RC frames using different types of bracing [J]. Journal of Engineering science and Technology, 2017, 12 (4): 913 – 934.

[119] Huang L J, Zhou Z, Zhang Z, et al. Seismic performance and fragility analyses of self – centering prestressed concrete frames with infill walls [J]. Journal of Earthquake Engineering, 2018: 1 – 31.

[120] Naeem A, Eldin MN, Kim J, Kim J. Seismic performance evaluation of a structure retrofitted using steel slit dampers with shape memory alloy bars [J]. Steel Struct 2017; 17 (4): 1627 – 1638.

[121] Shu Z, Li Z, He M, Zheng X, Wu T. Seismic design and performance evaluation of self – centering timber moment resisting frames [J]. Soil Dyn Earthquake Eng. 2019, 119: 346 – 357.

[122] Eatherton M R, Hajjar J F. Residual drifts of self – centering systems including effects of ambient building resistance [J]. Earthquake Spectra, 2011, 27 (3): 719 – 744.

[123] Christopoulos C, Filiatrault A, Folz B. Seismic response of self – centring hysteretic SDOF systems [J]. Earthquake Engng Struct. Dyn. 2002; 31: 1131 – 1150.

[124] Christopoulos C, Pampanin S, Priestly M J N. Performace – based seismic response of frame structures including residual deforations. Part1: SDOF systems [J]. Jouarl of Earthquake Engineering, 2003, 7 (1): 97 – 118.

[125] Upadhyay A, Pantelides C P, Ibarra L. Residual drift mitigation for bridges retrotted with buckling restrained braces or self centering energy dissipation devices [J]. Engineering Structures, 2019, 9: 1 – 14.

[126] Christopoulos C, Tremblay R, Kim H, Lacerte M. Self – centering energy dissipativebracing system for the seismic resistance of structures: development and validation. J Struct Eng 2008; 134 (1): 96 – 107.

[127] Chou C, Chung P. Development of cross – anchored dual – core self – centering braces for seismic resistance. J Constr Steel Res 2014, 101: 19 – 32.

[128] Zona A, Dall'Asta A. Elastoplastic model for steel buckling – restrained braces [J]. J Constr Steel Res 201, 68: 118 – 125.

[129] Choi E, Youn H, Park K, Jeon J – S. Vibration tests of precompressed rubber springs and flag – shaped smart damper [J]. Eng Struct 2017; 132 (1): 372 – 382.